Der letzte Mustang

Von PETER CLOTTEN

Müller Rüschlikon

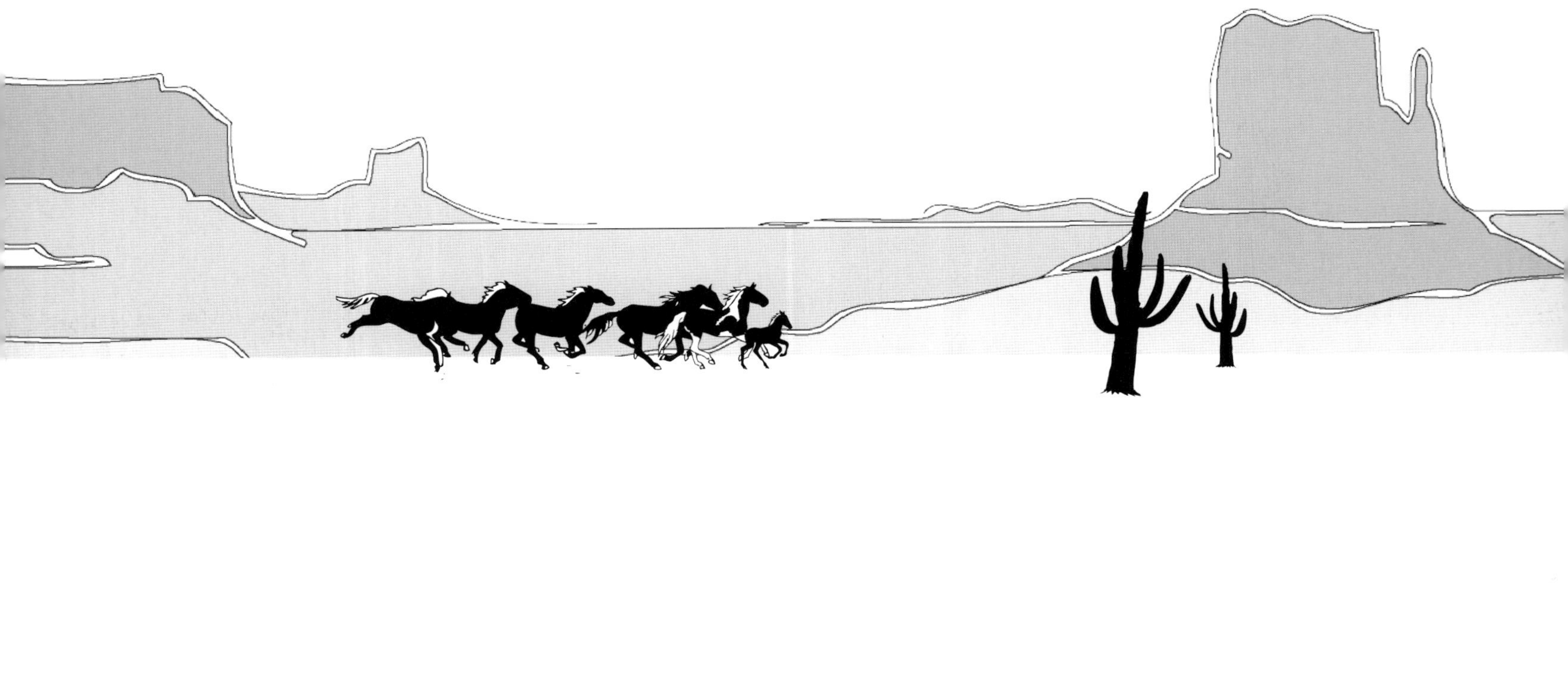

Der letzte Mustang

Von PETER CLOTTEN

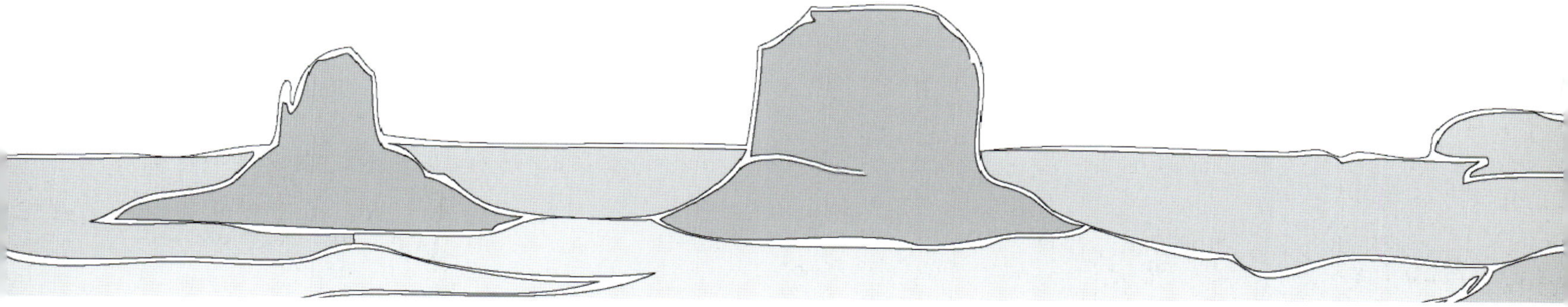

Müller Rüschlikon

Einbandgestaltung: Kornelia Erlewein

Titelbild: Tony Stromberg

Alle Angaben in diesem Buch wurden nach bestem Wissen und Gewissen gemacht. Sie entbinden den Pferdehalter nicht von der Eigenverantwortung für sein Tier. Für einen eventuellen Missbrauch der Informationen in diesem Buch können weder der Autor noch der Verlag oder die Vertreiber des Buches zur Verantwortung gezogen werden. Eine Haftung für Personen-, Sach- und Vermögensschäden ist ausgeschlossen.

ISBN 978-3-275-01704-1

Postfach 103743, 70032 Stuttgart

Ein Unternehmen der Paul Pietsch Verlage Gmbh+Co

Lizenznehmer der Bucheli Verlags AG, Baarerstr. 43, CH-6304 Zug

1. Auflage 2009

Sie finden uns im Internet unter www.mueller-rueschlikon-verlag.de

Lektorat: Claudia König

Innengestaltung: Kornelia Erlewein

Druck und Bindung: Graspo CZ, 76302 Zlin

Printed in Czech Republic

Inhalt

Und wortgewaltig spricht der Mustang: »Komm mit mir! Sei frei! Laufe mit dem Wind! Erfahre den uralten Rhythmus der Natur und du spürst das Leben in dir, wie du es niemals vorher gespürt hast. Werde all des Lebens um dich herum gewahr und lass allem die Freiheit, die du selber hast. Lebe mit der Mannigfaltigkeit der Welt, deren Teil du bist, und werde eins mit ihr. Dann wirst du eins mit dem Leben und dem Tod und der Energie, die alles seit ewigen Zeiten durchströmt. Und vergiss nicht den Mustang, der dir dies gesagt hat. Schütze seine Freiheit und das Land, auf dem er lebt, damit auch du deine Freiheit nicht verlierst – zum Wohle allen Lebens auf der Erde.«

Aus »Wild Horses – Living Symbol of Freedom« von Craig C. Downer

»The grass will remember them.«

Lakota Ausspruch

Vorwort von Graig C. Downer

Ich traf Peter Clotten im Frühjahr 2009. Er bereiste den Westen der USA, um für dieses Buch zu recherchieren. Gemeinsam machten wir uns auf den Weg, um in meiner Heimat Nevada die Northern-Pine-Nut-Mountain-Herde zu beobachten. Schon in den ersten Stunden waren seine Begeisterung für diese unvergleichlichen Tiere und seine Sorgen um ihre Zukunft für mich deutlich zu spüren. Ebenso wie ich sah er durch die Wildpferde wichtige und dauerhafte Werte symbolisiert, die in unserer künstlichen Welt Gefahr laufen, verloren zu gehen. Sein unermüdliches Verlangen, das Leben der Wildpferde zu studieren und zu verstehen, führte ihn zu weiteren Herden des Westens in Nevada, Oregon und Kalifornien.

Peter beschreibt in seinem faszinierenden Buch acht wichtige Wildpferdrassen und ihre spezielle Geschichte: den Spanish-Colonial-Mustang, die Cerbats und Wilbur-Cruce aus Arizona, die Kiger in Oregon, die stark dezimierten Choctaws, die Nokotas, die Sulphurs und die Pryor-Mountain-Herde aus Montana. Im Anhang erfährt der Leser detailliert, wo er diese Pferde in den Herd-Management-Areas (HMAs) finden und beobachten kann. Außerdem werden die wichtigen Organisationen aufgezählt, die sich um den Erhalt und den Schutz von Wildpferden in den USA kümmern.

Die HMAs sind in der Vergangenheit im Vergleich zu den ursprünglichen Herd Areas (HAs) in ihrer Größe drastisch reduziert worden. Das Gleiche gilt für die Größe der einzelnen Herden. Ihre Anzahl ist zu gering, um ihr genetisches Überleben langfristig zu sichern. Sowohl das Bureau of Landmanagement als auch der U.S. Forest Service bevorteilen bei der Aufteilung der Ressourcen die Viehhalter gegenüber den Wildpferden – und das, obwohl diese ein verbrieftes Vorrecht in ihren angestammten Herd-Areas genießen.

In der ihm eigenen Art genügte es Peter nicht, die Pferde als Außenstehender zu beobachten. Er wollte ihnen näher sein, mit ihnen wandern, ihre Umwelt mit ihren Augen sehen. Ich glaube, das ist ihm gelungen. Mit unvergleichlichem Verständnis beschreibt er sehr präzise ihr Verhalten, ihre Gewohnheiten, ihre sozialen Bindungen und Ängste. Mit tiefgründiger Einsicht dargestellt, wird dem Leser deutlich, wie sich das Wildpferd in das Ökosystem Amerikas integriert hat. Schwer gefallen ist ihm das nicht, schließlich stammen alle Urahnen des Pferds von diesem Kontinent, wo sie über 60 Millionen Jahre lang eine Einheit mit der Tier- und Pflanzenwelt bildeten.

Seit Jahrzehnten beobachtet Craig C. Downer Wildpferde, vornehmlich in seinem Heimatstaat Nevada. 1972 erhielt er seinen Bachelor in Biologie von der University of California in Berkley und 1976 seinen Master von der University of Nevada in Reno.

Craig C. Downer setzte seine Kenntnisse ökologischer Zusammenhänge für viele Organisationen und Behörden ein. Außerdem ist er Autor zahlreicher Artikel und schrieb das Buch »Wild Horses: Living Symbols of Freedom«. Unablässig engagiert er sich zum Schutz der Wildpferde, was ihm in den USA nicht nur Freunde machte. Seit einigen Jahren betreut er darüber hinaus ein Projekt zum Schutz der Wildtapire in Kolumbien. Er lebt in Minden, Nevada, in der Nähe von Carson City.

Heute befinden sich die Wildpferde in einer sehr prekären Lage, die Peter sehr treffend und ausführlich beschreibt. Dafür gebührt ihm großer Dank. Es waren eine Menge Gespräche mit vielen unterschiedlichen Menschen erforderlich, um die komplizierte Gesamtlage zu analysieren und zu verstehen. Regierungsvertreter, die mit dem Schutz der Wildpferde beauftragt sind, gehörten ebenso dazu wie Rancher, die sich leider allzu häufig gegen die Wildpferde engagieren und Wildpferdschützer, so wie ich, die von der Schönheit der Pferde und ihrer wichtigen Rolle im Ökosystem angetan sind. Niemand kann ihr legales und moralisches Recht bestreiten, im Land ihres Ursprungs frei und geschützt zu leben.
Wir Wildpferdschützer müssen immer wieder in der Öffentlichkeit unwahre und irreführende Behauptungen widerlegen, die sich gegen Wildpferde richten. Dabei haben sie so viel für die Menschen getan und wollen nichts anderes, als auf einem relativ kleinen Stück öffentlichen Landes natürlich leben zu können und dabei nicht gestört zu werden. Und obwohl die Mehrheit der amerikanischen Bevölkerung unsere Positionen teilt, wurden und werden unsere Absichten, den Schutz für die Wildpferde durchzusetzen, von einem mächtigen, an den Interessen der Viehzüchter orientierten Establishment, sabotiert. Viele von uns wurden in ihren Jobs benachteiligt, manche mussten sogar ins Gefängnis, weil sie nicht müde wurden, die Ungerechtigkeiten öffentlich anzuprangern.

Peter hat mit allen gesprochen – mit Menschen und mit Pferden. Dadurch hat er die Wildpferde mehr und mehr schätzen gelernt. Er kennt ihre Nöte, ihre Freunde und Feinde, ihre Geschichte, ihre aktuelle Situation und ihre Aussichten für die Zukunft als rechtmäßige Bewohner dieses Planeten. All das hat er in Worten und Bildern festgehalten. Dazu kommen die bildgewaltigen Fotos Tony Strombergs und unter anderem einige Aufnahmen, die ich im Laufe der Jahre machen konnte.
Durch seine unmittelbaren Erfahrungen in den USA und eine erschöpfende Recherche kann Peter die ganze Geschichte der Wildpferde erzählen. Eine Geschichte, die eine eingeschränkte und von partikulären Interessen geprägte Sichtweise weit übertrifft. Er verleiht dieser Geschichte seine persönliche Note und beschreibt die lange währende Entwicklung der Wildpferde und die damit zusammenhängenden Fragen.

Er scheut sich auch nicht, die vorherrschende wissenschaftliche Meinung in Frage zu stellen, indem er Indizien aufzählt, die darauf schließen lassen, dass eine kleine Population von Wildpferden bereits auf dem Kontinent lebte, als die Europäer eintrafen. Sein Hauptaugenmerk liegt aber natürlich auf der Zeit nach 1519 und in den Beziehungen der Pferde zu den Ureinwohnern Amerikas und zu den weißen Siedlern.
Letzte haben unwissentlich das Pferd in seine Heimat zurückgebracht. Dieses erweiterte Verständnis ist die Basis dafür, die Wichtigkeit der Wildpferde im Ökosystem Amerikas richtig zu bewerten. Im Zeichen der globalen Erwärmung ist ihre in den Trockengebieten des Westens nicht hoch genug einzuschätzen. Sie säubern unentwegt das Buschland und helfen so, große katastrophale Feuer zu verhindern.

Der mehr als angebrachte Titel des Buches lautet »Der letzte Mustang«, und so ist auch das letzte Buchkapitel überschrieben. Hierin wird eine schier unlösbare Aufgabe bewältigt: Das verwirrende und komplexe Neben- und Gegeneinander der unterschiedlichen Akteure zu erklären und dabei nicht die Sicht zu verlieren für das eigentliche Anliegen, den sofortigen und nachhaltigen Schutz aller wildlebenden Pferde in den USA. Es ist bemerkenswert wichtig, all diese Punkte immer und immer wieder aufzuführen und zu erhellen. Zu mächtig ist die Barriere, die von den Feinden der Wildpferde mit dem Ziel, sie von öffentlichem Land zu verbannen, im Innen und Außen aufgebaut wurde. Viele Menschen sind blind für den wirklichen Wert dieser Tiere.

Mutig werden in diesem Buch zwei grundsätzlich verschiedene Weltanschauungen und Wertsysteme nebeneinander gestellt. Das eine stur und gedankenlos festhaltend an dem Ziel, alles Leben auf diesem Planeten kontrollieren zu müssen – das andere, das zukünftige, eine ganzheitliche Welt zeichnend, in der das Leben in seinen unterschiedlichen Formen akzeptiert wird.
Wir Menschen müssen lernen, alles Leben wieder ehrfürchtig zu respektieren, damit es sich so entfalten kann, wie es seiner individuellen Natur entspricht und wie es seit Beginn des Lebens in perfekter Harmonie bis vor nicht allzu langer Zeit hervorragend funktionierte. Das bedeutet, lebendig zu werden. Lebendig zu werden, indem wir lernen, die Freiheit zu teilen und, im besten Sinne des Wortes, selbst frei zu sein.

Craig C. Downer

Minden, Nevada, USA

Fierce Grace

Vorwort des Autors

Wer weiß schon wirklich genau Bescheid über die Wildpferde Nordamerikas, die man häufig unter dem Begriff »Mustangs« zusammenfasst? Ich wusste eigentlich nichts, wie ich mir mit jedem Tag meiner Recherche eingestehen musste. Wie die meisten hatte ich hier und da ein wenig gehört und ein im Wesentlichen von der Filmindustrie geprägtes, romantisches Bild.
Wer weiß schon, dass sie bis vor wenigen Jahren in großer Anzahl zu Tierfutter verarbeitet wurden, bevor ein 1971 verabschiedetes Gesetz sie einigermaßen schützte? Sie galten als herrenlose streunende Tiere, die von jedermann an jedem Ort gnadenlos gefangen und getötet werden konnten. Eine Erlaubnis dazu war nicht erforderlich. Als ich das erste Video von eingefangenen Pferden sah, die anschließend ins Schlachthaus transportiert wurden, standen mir die Tränen in den Augen. Ich schämte mich und hatte das Bedürfnis, mich zu entschuldigen, um Vergebung zu bitten, für das Meer

aus Trauer und Schmerz, das wir in dieser Welt hinterlassen haben. Als ich kurze Zeit später zum ersten Mal ganz alleine in den Wüsten Nevadas mitten in einer Wildpferdherde am Boden saß und ich diese wundervollen Tiere aus der Nähe beobachten konnte, mich von ihnen angenommen fühlte, war ich so voller Ehrfurcht, dass es mir wie ein Sakrileg vorgekommen wäre, die Kamera zu nehmen und sie zu fotografieren. Ich habe die Kamera gelassen, wo sie war.

Nun mag man einwenden, dass es keinen prinzipiellen Unterschied zwischen Pferden und Kühen oder Kälbern gibt, die das gleiche Schicksal erleiden. Und ich muss diesem Einwand Recht geben. Aber der zivilisierte Mensch hat sich vor langer Zeit aus dem Reigen des natürlichen Kommens und Gehens, des Gebens und Nehmens verabschiedet. Den Tod blenden wir aus und konzentrieren uns, bis es dann doch unweigerlich soweit ist, auf die Ausbeutung dessen, was uns umgibt.
Die »Horse Nation«, wie sie in den USA genannt wird, funktioniert nach anderen Gesetzmäßigkeiten. Es sind die, die auch den amerikanischen Ureinwohnern so wichtig waren. Die Erhaltung der Harmonie zwischen dem Individuum, seiner Umwelt und dem Universum, oder welchen Namen man diesem Makrokosmos auch immer geben mag. Eine solche Harmonie schließt den Tod nicht aus.
Es sollte kein Tag vergehen, an dem wir unsere Kinder nicht in die Augen eines Tieres schauen lassen. Und wenn die Möglichkeit besteht, könnten es gut die Augen eines Pferdes sein. In ihren Augen spiegelt sich Verletzlichkeit, Sensibilität und Intelligenz – ihre Angst und ihr Stolz.

Den letzten entscheidenden Ausschlag, der mich zu dem Entschluss brachte, dieses Buch zu schreiben, war schließlich eine Pressemeldung, dass 33000 gefangene Mustangs eingeschläfert werden sollen, weil die Kapazitäten in den Auffangstationen des Bureau of Landmanagement erschöpft seien, beziehungsweise die weitere Haltung nicht zu finanzieren sei. Ich hörte von Menschen, die versuchen, das zu verhindern und wollte meinen Teil dazu beitragen, die letzten amerikanischen Wildpferde in ihrer natürlichen Umgebung zu erhalten. Damit nicht irgendwann der Titel dieses Buches Wirklichkeit wird: **Der letzte Mustang**.

Peter Clotten

Rambos, Bazian, France

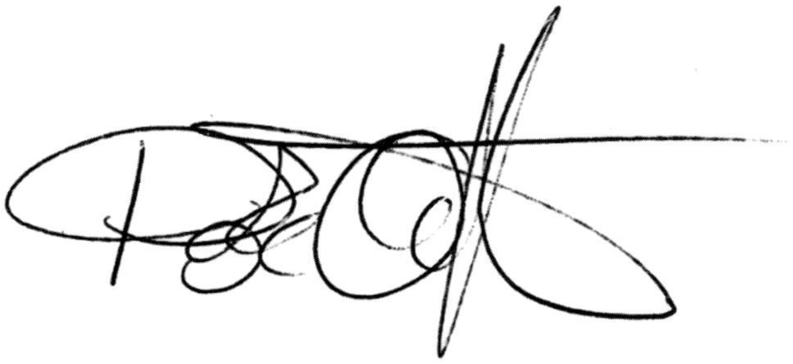

Schließe deine Augen und stelle dir die Prärie vor, wie eine Herde wilder Pferde darüber galoppiert.
Jetzt stelle sie dir ohne diese Pferde vor.

Neda Demayo, Gründerin von Return to Freedom

Einleitung

Auch Amerikaner wissen nichts oder nur wenig über ihre Wildpferde. Als ich im Bureau of Landmanagement im Adoption Center in Palomino Valley in Nevada saß und auf meinen Gesprächspartner wartete, betrat ein Ehepaar das Büro. Die Dame stellte sich als Lehrerin vor und fragte, ob es hier nur Mustangs oder auch Wildpferde gebe. Auf Nachfrage erklärte sie, dass Mustangs ja doch wohl keine Wildpferde seien.

Solcherlei Unkenntnis und Begriffsverwirrung findet man allenthalben. Es fängt bei den Namen an und endet bei der Vorstellung, dass es im Westen der USA noch etwa eine Million Wildpferde gibt. Das erklärte mir eine Verwaltungsangestellte in einer Kleinstadt südlich des Death Valley.

In diesem Buch wird überwiegend der Begriff »Mustang« verwendet. Er ist spanischen Ursprungs. Seine Bedeutung ist nach wie vor nicht ganz geklärt. Wahrscheinlich leitet sich Mustang von dem Wort mesteno ab, einer Bezeichnung für das Eigentum der spanischen Viehhirten, den mesta. Eine andere Erklärung bezieht sich auf den Begriff Mestengo, was so viel wie Fremder oder Vagabund bedeutet. Es ist ein irreführender Begriff, der die Vielfalt und die Herkunft der amerikanischen Wildpferde nur unzureichend wiedergibt. Trotzdem bleibe ich dabei und halte ihn für angebracht, weil er sich im Laufe der Zeit zu einem Synonym für das amerikanische Wildpferd entwickelt hat. Außerdem impliziert der Name all das, wofür der Mustang eben steht: **Kraft, Freiheit und Ungebundenheit**.

Ein Kapitel, das mir sehr am Herzen liegt, behandelt die akute Gefährdung der Mustangs. Das Problem wurde zu lange verharmlost oder gar nicht wahrgenommen. Es ist nicht die absolute Anzahl der Mustangs, die erschrecken mag, obwohl auch diese sehr gering ist. Es ist die Größe der einzelnen Herden, deren Anzahl das genetische Überleben kaum noch sichern kann. Die Vielfalt geht verloren und Inzucht und unnatürliches Deckverhalten halten Einkehr. In einer stabilen Herde kommt ein Junghengst kaum einmal zum Decken. Auch junge Stuten werden von der Leitstute davon abgehalten, trächtig zu werden. Fehlen jedoch die alten erfahrenen Tiere und ist die Herde zu dezimiert, dann kann bereits eine Zweijährige trächtig werden und die Vermehrung erfolgt in einem Tempo, das einer Verdopplung der Herdengröße alle drei bis vier Jahre entspricht.
Allen gegenteiligen Beteuerungen zum Trotz ist der frei lebende Mustang in den USA vom Aussterben bedroht. Wenn sich die Entwicklung fortsetzt, werden wir ihn in Zukunft nur noch in umzäunten Gehegen finden. Das entspricht nicht seiner natürlichen Lebensart, egal wie groß diese Gehege auch sein mögen.

Trotzdem sind natürlich die Bemühungen vieler Einzelner und etlicher Organisationen, die sich für die Rettung der Mustangs einsetzen, nicht hoch genug zu würdigen. Unzählige Tiere wären im Schlachthof gelandet und einige unersetzliche Blutlinien gäbe es heute bereits nicht mehr, hätten sich nicht seit den 50er Jahren Menschen gefunden, die mit aller Macht für den Schutz der Mustangs kämpften. Die bekannteste von ihnen ist vielleicht »Wild Horse Annie«, eine amerikanische Heldin, ohne die die Mustangs unter Umständen schon der Geschichte angehören würden. Es könnte sein, dass sie in Madeleine Pickens eine würdige Nachfolgerin findet.

Madeleine Pickens kämpft zu der Zeit, in der dieses Buch entseht, um das Leben von 33000 Wildpferden, die Gefahr laufen, euthanisiert zu werden. Gleichwohl nicht unumstritten, hat sie einen Plan vorgelegt, um diesen Pferden im Norden Nevadas ein neues und sicheres Zuhause zu geben. Ihre Pläne und ihr Kampf werden in einem gesonderten Kapitel dargestellt.

Zum guten Ende schließlich werden alle wichtigen Adressen und Namen aufgeführt und erklärt. Für den zukünftigen USA-Besucher findet sich eine Liste der Orte, an denen Wildpferde leben und beobachtet werden können. Aber Vorsicht: Wir zerstören das, was wir suchen, indem wir es finden.

Ich versuche in diesem Buch, so umfassend wie möglich über Mustangs und ihre aktuelle Situation zu berichten. Aber im Vergleich zu anderen, leider nur in den USA erschienen Büchern, bleibt es eine oberflächliche Darstellung. Es ist weder wissenschaftlich orientiert, noch entspricht es den Kriterien eines akribischen Journalismus. Viele wichtige Einzelheiten bleiben unerwähnt und tiefer gehende Analysen finden keinen Platz. Das Konzept des Buches ist ein anderes. Es soll die von Mustangs ausgehende Faszination vermitteln, einen Überblick geben und zum Weiterlesen animieren. Ich verweise deshalb auf die Literaturliste am Ende des Buches.

Zur besseren Orientierung beim Lesen hier noch zwei Umrechnungswerte:

Eine Meile entspricht 1,609 Kilometer

Ein Acre entspricht 0,404 Hektar

Die Geschichte

der Mustangs

Wann genau das erste spanische Pferd den amerikanischen Kontinent betreten hat, lässt sich nicht auf den Tag genau sagen. Christopher Columbus, der genuesische Seefahrer in spanischen Diensten, brachte auf seiner zweiten Seereise die ersten Pferde auf die Virgin Islands. Hernán Cortés war es dann, der 1519 Pferde auf seiner Expedition nach Mexiko mitnahm.

Eine Legende berichtet, dass sechs freigelassene Pferde der Hernando de Soto-Expedition zum Mississippi die Urahnen der Wildpferde sein sollen. Allerdings hat es in der moskitoverseuchten Gegend des unteren Mississippi nie Wildpferde gegeben, und dass die sechs eine 1000 Kilometer lange Wanderung nach Norden in die Prärien geschafft haben, ist nicht sehr wahrscheinlich. Dort wurden im späten 17. Jahrhundert bereits große Herden von französischen Reisenden beobachtet.

Jedenfalls hatten die außergewöhnlich starken, zähen und intelligenten spanischen Pferde, als sie schließlich Land betraten, eine unvorstellbar harte Seereise hinter sich. Sie hingen in den kleinen Schiffen monatelang in Seilen, bekamen schlechtes Heu und wenig Wasser. Dokumente aus dieser Zeit berichten, dass diese Pferde unmittelbar nachdem sie entladen waren, gesattelt und bepackt ins Landesinnere aufbrechen konnten. Der Bedarf an Pferden wurde in Amerika so groß, dass die spanischen Könige ein Ausfuhrverbot verhängten, um ihre eigenen Bestände in Europa zu schützen. Bis dahin waren jedoch in den Kolonien bereits eigene Zuchtstationen errichtet worden. Aber auch diese konnten den Pferdehunger der Eroberer und Abenteurer nicht gänzlich decken. Deshalb wurden später statt spanischer Pferde Araber und Berber in großer Zahl eingeführt und mit den spanischen gekreuzt. In Wildpferdherden kann man deshalb heute all diese Rassen wiederfinden: das spanische Pferd, den feinen Araber und den zähen Berber. Und natürlich einen Anteil fast jeder beliebigen Rasse, die im Laufe der Jahrhunderte den Weg in die Freiheit gefunden und sich einer Wildpferdherde angeschlossen hat: entlaufene Pferde der US-Kavallerie, der Farmer und Rancher, darunter auch Kaltblüter, Maultiere und Esel.

Die Hufe meines weißen Pferdes hinterlassen keine Spuren, aber sein Wiehern klingt hell unter ziehenden Wolken.

Lied der Cheyenne

Das spanische Blut aber scheint das beherrschende Element zu sein. Sogar Pferde mit weniger als 1/32 Anteil spanischer Abstammung können wieder Nachkommen zeugen, die in fast jeder Beziehung reines spanisches Blut repräsentieren.

Jedenfalls ist es herrschende wissenschaftliche Meinung, dass die Spanier einen pferdeleeren Kontinent vorfanden, der erst wieder von den Nachfahren der eingeführten spanischen Pferde neu bevölkert wurde. Zweifellos fanden die Ausreißer in Amerika fast ideale Lebensbedingungen vor. Dünn besiedeltes endloses Grasland, saftige Bergwiesen und ein in weiten Teilen des Landes eher gemäßigtes Klima bildeten Rahmenbedingungen, unter denen sich die Pferde schnell ausdehnen und vermehren konnten. So schnell, dass nur 300 Jahre später Millionen von Wildpferden den amerikanischen Kontinent besiedelten. Frühe Reisende berichteten von Herden, die sich von Horizont zu Horizont erstreckten und gemeinsam mit etwa 60 Millionen Bisons die Prärien bevölkerten. Niemand hat sie je gezählt. Auch die Schätzungen gehen weit auseinander. Als wahrscheinlich hat sich eine Zahl von zwei Millionen Pferden etabliert, die um die Wende des 18. zum 19. Jahrhundert über die Weiten des amerikanischen Westens zogen. Hundert Jahre vorher sollen es noch neun bis zehn Millionen gewesen sein. Woher diese riesigen Herden zu

diesem frühen Zeitpunkt kamen, kann bis heute nicht zufriedenstellend erklärt werden. Die Spanier waren vorwiegend im Süden des Landes ansässig und achteten sehr gut auf ihre wertvollen Tiere. Die Indianer, die ihre Ponys meist spärlich beaufsichtigt in der Nähe ihrer Dörfer grasen ließen, haben erst im Laufe des 17. Jahrhunderts die Pferdehaltung von den Spaniern übernommen. Dann allerdings erwiesen sich die Indianer als die geborenen Reiter. Die Zeit zwischen 1640 und 1860 wird von Anthropologen als die Hochzeit der indianischen Pferdekultur beschrieben. Die wilden Herden vermehrten sich unter fast idealen Bedingungen sehr schnell. Trotzdem bevorzugten die Indianer spanische, bereits abgerichtete Pferde, die vor allem von den Apache und den Comanche in großer Zahl von den Spaniern gestohlen wurden. Nur selten fingen sie Wildpferde ein. Von Stamm zu Stamm wurden die Pferde weitergegeben und bald hatten die Indianer sie fest in ihre Kultur integriert. In den meisten Sprachen wurden sie »großer Hund« genannt. Die Pferde veränderten die indianische Lebensweise radikal. Sie waren beweglicher, konnten schneller größere Beutetiere erlegen und transportieren und hatten so mehr Zeit, sich anderen Aufgaben zuzuwenden, wie kriegerischen Auseinandersetzungen. Ein Dorf mit 100 Einwohnern brauchte etwa zwölf Tausend Pfund Fleisch pro Monat.

Nevada ist Pferdeland. 85 Prozent aller Wildpferde der USA leben hier.

Sechs Jäger zu Pferd konnten leicht zwei oder drei Büffel erlegen und so die Ernährung für das ganze Dorf sicherstellen. Es folgte eine Zeit, in der Stämme, die sich niemals vorher getroffen hatten, begannen, Handel zu treiben oder Kriege zu führen. Etliche von ihnen, wie die Cheyenne, die Pawnee, die Crow, die Arikara und Teile der Sioux gaben sogar ihre bäuerliche Kultur wieder auf, um auf dem Rücken der Pferde von neuem ein unabhängiges Nomadenleben zu führen. Doch der Wunsch nach Unabhängigkeit war nicht der einzige Grund. Ein Stamm ohne Pferde war auf Gedeih und Verderb sowohl den weißen Siedlern und der Kavallerie, als auch anderen berittenen Indianern ausgesetzt. Es war eine Frage des Überlebens. Die Unterlegenheit der pferdelosen Indianer war so groß, dass sie selbst im Besitz von Feuerwaffen ihren reitenden Gegnern nicht die Stirn bieten konnten. Als die mit Gewehren bewaffneten Cree-Indianer, die den vorrückenden Siedlern weichen mussten, versuchten, den Blackfeet ihr Land zu nehmen, scheiterten sie an ihren berittenen Gegnern, obwohl diese keine Gewehre besaßen. Selbst den technisch und zahlenmäßig weit überlegenen Siedlern konnten die Indianer lange Zeit Paroli bieten. Erst mit der Einführung der Repetiergewehre nach 1870 wurden die Indianer westlich des Mississippi endgültig besiegt. Die US-Armee schlug überall erbarmungslos zu. Waren die Indianer besiegt, wurden die Pferde getötet. Im September 1874 erschoss die US-Kavallerie in Texas 1450 Indianerponys. Nicht wenige Soldaten verweigerten den Befehl. Das Tal, in dem das Massaker stattfand, gilt vielen Indianern heute als heiliger Ort.

Der Landhunger der immer weiter vorstoßenden Siedler, brachte schließlich nicht nur die Indianer um ihren Lebensraum, sondern verdrängte auch die Mustangs, die gerade erst ihre Freiheit erlangt hatten, in immer entlegenere und rauere Gegenden, die dem Menschen als Siedlungsgebiet nicht dienen konnten. Nach den Bisons, deren Zahl auf unter 100 Exemplare gefallen war, und den Indianern sollten nun die Wildpferde als letztes Relikt einer den Weißen feindlich scheinenden Welt eliminiert werden. Hunderttausende wurden einfach erschossen oder eingefangen und zu den Schlachthöfen gebracht. Kriege forderten weiteren Tribut. Für den Burenkrieg in Südafrika und für den Ersten Weltkrieg, in dem alleine etwa eine Million Pferde ihr Leben ließen, musste der Nachschub gesichert werden.

Was immer den Tieren geschieht, geschieht auch bald den Menschen.

Häuptling Seattle in seiner Rede an den amerikanischen Präsidenten 1855

Die Mustangherden schienen eine unerschöpfliche Quelle zu sein. Unmittelbar nach dem Zweiten Weltkrieg, ausgerüstet mit neuen kleinen tief fliegenden Flugzeugen, wurden in nur vier Jahren alleine in Nevada 100.000 Mustangs eingefangen und getötet. Sie mussten für neue Rinderherden Platz machen. 1950 gab es wahrscheinlich weniger als 5000 Mustangs in Nevada. Da sie weder als Transportmittel noch als Arbeitstiere weiter dienlich schienen, wurden sie in großer Zahl in den Schlachthöfen zu Tierfutter, Leim und Steaks verarbeitet. Man brauchte in den 50ger und 60ger Jahren, als das Abschlachten der Mustangs einen weiteren Höhepunkt erlebte, keinerlei Erlaubnis, um so viele Tiere zu erlegen, wie man wollte. Der Fleischpreis lag bei fünf Cents pro Pfund, aber über die Menge konnte man immer noch gutes Geld verdienen. Kurz vor Verabschiedung des »Free Roaming Wild Horses and Burros Act« im Jahre 1971 war der Bestand auf 17000 Wildpferde gesunken, Präsident Nixon nannte in seinem Statement zur Unterzeichnung des Gesetzes sogar die Zahl von 9500. Zeitzeugen berichten von unvorstellbar grausamen Szenen. Schaute etwa ein Pferdebein aus einem der völlig überfüllten Transporter heraus, wurde es kurzerhand mit der Motorsäge abgetrennt. Sterben, so die entschuldigende Meinung, mussten sie ja sowieso.

Velma Bronn Johnston, besser bekannt unter ihrem Spitznamen »Wild Horse Annie«, bereitete dem Schlachten schließlich ein Ende. Auf einer Autofahrt bemerkte sie, dass Blut aus einem der vor ihr fahrenden Pferdetransporter floss. Sie begann, Nachforschungen anzustellen und deckte im Laufe der Jahre die gesamte Grausamkeit auf, mit der in dieser Zeit Pferde in den USA gefangen, transportiert und geschlachtet wurden. In einem nahezu beispiellosen und jahrelangen Kampf organisierte sie einen Massenprotest, der zunächst im Jahre 1959 mit dem »Wild Horse Annie Act« einen großen Erfolg feiern konnte. Mit dem Gesetz war es verboten, Wildpferde mit motorisierten Fahrzeugen oder Flugzeugen einzufangen oder zu jagen. Dieser Erfolg spornte sie weiter an. In einer breit angelegten Kampagne in Kooperation mit dem Amerikanischen Tierschutzbund ISPMB und mit Unterstützung vieler Prominenter aus Kunst und Kultur, wie zum Beispiel der Autorin Hope Ryden, trieb Johnston die Politiker in Washington vor sich her.

Gnadenlos: Den Helikoptern können die Mustangs bei den Round-ups nicht entkommen.

Im Jahre 1971 wurde der »Wild Free Roaming Wild Horses and Burro Act« verabschiedet. Präsident Richard Nixon unterzeichnete das Gesetz am 15. Dezember 1971. Darin wurden der Schutz und die Kontrolle der Wildpferdherden festgeschrieben. Die Bestände erholten sich und bald war ihre Zahl wieder auf 54000 Wildpferde angewachsen. Die mit dem Schutz der Pferde betraute Behörde, das dem Innenministerium unterstellte Bureau of Landmanagement (BLM), konnte der stetig wachsenden Zahl der Pferde und Wildesel nicht Herr werden, obgleich es genügend Flächen öffentlichen Landes gab. Doch dieses wurde auch von den Viehzüchtern beansprucht. Im März 1975 erfolgte ein erster Anschlag auf das gerade verabschiedete Gesetz zum Schutz der Mustangs. Ein District-Gericht in New Mexiko erklärte es für verfassungswidrig. Nur durch eine sofortige Berufung vor dem Supreme Court wurde verhindert, dass die bereit stehenden Rancher Tausende von Mustangs töten konnten.

Im Jahr 1976 erlebte das Gesetz trotzdem seine erste Einschränkung. Der Einsatz von Motorfahrzeugen und Flugzeugen, später von Helikoptern, wurde wieder erlaubt. Gleichzeitig legte das BLM ein groß angelegtes Adoptionsprogramm auf. Schließlich konnte man nicht alle eingefangenen Pferde auf Staatskosten halten. Und obgleich das Adoptionsprogramm strenge Regeln für den Erwerb eines Pferdes beinhaltet, kann man doch davon ausgehen, dass nicht wenige über Umwege den Gang in die Schlachthöfe gemacht haben. Etliche solcher Fälle konnten belegt werden, obwohl die Schlachthöfe per Gesetz angewiesen waren, Pferde mit BLM-Brandzeichen sofort zu melden und nicht zu schlachten. Mittlerweile ist das Schlachten von Pferden

in den USA generell verboten. Die Wege der Pferdetransporter führen heute nach Kanada und Mexiko, wo sie unter ungleich grausameren Bedingungen zu Tode kommen. Den legislativen Todesstoß erhielt der Wild Horses and Burro Act abschließend im Dezember 2004. Ein Gesetzesvorschlag eines republikanischen Abgeordneten, der das Massenschlachten der Mustangs erlaubt, wurde ohne öffentliche Anhörung im Kongress verabschiedet und von Präsident George W. Bush unterschrieben. Eingefangene Mustangs, die älter als zehn Jahre sind oder die dreimal bei einer Adoption nicht vermittelt werden konnten, darf das BLM seitdem an Schlachthäuser verkaufen. Der Preis liegt bei etwa 100 Dollar pro Pferd.

Vor dem Leithengst zeigt die junge Stute mächtigen Respekt. Auch im Schutzgebiet von Return to Freedom funktionieren die Herdenstrukturen.

Dass die Entwicklung überhaupt einen solchen für die Wildpferde tödlichen Verlauf nehmen konnte, lag an den Ergebnissen einer wissenschaftlichen Studie, die im Auftrag des Innenministeriums im Jahr 1963 der North American Wildlife Conference vorgelegt wurde. Darin wurde ein Gutachten einer Expertengruppe überbracht und schließlich in Gesetzestext gegossen, in dem alle Tierarten aufgelistet waren, die von den ersten weißen Siedlern auf dem Kontinent nicht wild lebend vorgefunden worden waren. Das Pferd war eins davon. Diese Tiere bekamen die wenig Perspektive bietende Bezeichnung »unerwünscht«. Sie galten als Streuner, als sich zu schnell vermehrende Parasiten. Böse Zungen kommentierten die Regelung damit, dass sie vorschlugen, auch die Weißen auf diese Liste zu setzen.

Wie es zu einer solch plötzlichen Ächtung eines Tieres kommen konnte, ohne das die Besiedelung des Kontinents nicht hätte erfolgen können, und das bis heute als Inbegriff der amerikanischen Tugenden gilt, bleibt unerklärlich. Zuerst verschaffte es den spanischen Eroberern den entscheidenden militärischen Vorteil, später trug und zog es einen endlosen Strom von Siedlern durch die Prärien, Wüsten und Gebirge. Es diente der US-Kavallerie bei der Vertreibung der Indianer und verdiente sich bis in die Mitte des 20. Jahrhunderts noch vielerorts sein Brot als Ackerpferd und Zugtier. Viele Pferdekenner zogen und ziehen noch heute den Mustang als Sport- und Gebrauchspferd vor. Bei Distanzrennen scheint er unschlagbar. Seine Intelligenz und seine Ausdauer sind sprichwörtlich. Trotzdem wurde er den unerwünschten Arten zugeordnet.
Dabei lag die Wiege aller Pferde dieser Welt in Amerika. Der vierzehige kleine Eohipus öffnete seine Augen vor circa 50 Millionen Jahren in den heutigen USA. Fossilien der Pferde-Urahnen wurden in der Nähe von Mount Blanco in Texas und im Bighorn Basin in Wyoming gefunden, nur wenige Meilen entfernt von den heute dort lebenden Pryor-Mountain-Wildpferden. Diese wurden berühmt durch die Filme der bekannten amerikanischen Tierfilmerin und Emmy-Award-Gewinnerin Ginger Kathrens über den Hengst »Cloud«.

Von Amerika aus wanderten die Pferde über die noch zusammenhängenden Landmassen des Superkontinents Laurasia in alle Welt. Von allen Entwicklungsstufen des Pferdes, von Eohipus bis Equus caballus, gibt es Funde in Amerika – und nur dort. Kritiker aus dem Bereich der Paläontologie führen an, das moderne Pferd zeige große Unterschiede zu der Spezies, die nach der letzten Eiszeit, die das Pferd ob seiner Anpassungsfähigkeit überlebte, plötzlich von der Bildfläche verschwand. Wissenschaftler wie Dr. Jay F. Kirkpatrick und seine Kollegin Dr. Patricia M. Fazio weisen in ihren Schriften auf Ergebnisse der Molekularbiologie hin. DNA-Analysen zeigen, dass Equus caballus, das moderne Pferd, genetisch identisch ist mit Equus lambei, dem letzten Pferd auf dem amerikanischen Kontinent vor dessen vermeintlichen Aussterben. Forschungen der Universität Uppsala in Finnland weisen die Entstehungszeit des modernen Pferds vor etwa 1,7 Millionen Jahren in Nordamerika nach. Vom wissenschaftlichen Standpunkt aus gesehen macht es keinen Unterschied, ob das durch die Spanier eingeführte Pferd inzwischen domestiziert war oder nicht. Auch das mongolische Wildpferd Equus ferus przewalskii war in freier Wildbahn ausgestorben und hatte nur in Zoos überlebt. Vor einigen Jahren wurde es wieder ausgewildert. Ist dieses Pferd nun ein ursprünglicher Einwohner der mongolischen Steppe oder, wie der amerikanische Mustang genannt wird, ein unerwünschter Streuner? Die Antwort darauf scheint eindeutig und muss sich auf kurz oder lang im rechtlichen Status der Wildpferde Nordamerikas niederschlagen.

Doch zurück zu der Zeit vor etwa acht bis zehntausend Jahren, als sich der letzte bis heute von der Wissenschaft anerkannte Urahn des Pferds in Alaska zum Sterben niederlegte und vom Permafrost konserviert wurde. Seitdem gilt das Pferd in Amerika als ausgestorben. Eine wirklich plausible Erklärung dafür gibt es bislang nicht. Manche Wissenschaftler machen die Einwanderung asiatischer Jäger für die Ausrottung verantwortlich. Angesichts der relativ geringen Anzahl von Menschen zu dieser Zeit und der gewaltigen Ausdehnung des Kontinents erscheint die Theorie unschlüssig. Die herrschende Meinung fügt den Jägern eine Epidemie hinzu und erklärt das Zusammentreffen der beiden Faktoren für ausschlaggebend. Der Ausbruch eines Mega-Vulkans wird als dritte Erklärung hinzugezogen.

Man muss sich allerdings fragen, warum dieser Vulkan seine tödliche Energie auf Pferde und Kamele beschränkt hat und andere Säugetierarten das Inferno überleben konnten. Die Diskussion über diesen Teil der Geschichte wird von der etablierten Wissenschaft so gut wie nicht geführt. Verifizierte Funde aus den letzten 8000 Jahren liegen – vielleicht deshalb – bisher auch nicht vor, obgleich Überreste von Pferden aus der Zeit um etwa 100 v. Chr. in der Nähe von St. Petersburg, Florida, entdeckt wurden. So wie viele andere Funde wurden sie von der Wissenschaft nicht anerkannt. Mal werden die Untersuchungsmethoden angezweifelt, mal kommt man zu anderen Ergebnissen, mal wird der Fund gänzlich ignoriert.

Wie Mustangs leben

Es ist für den Laien schon schwierig genug, sich in der Vielzahl von Bezeichnungen für Wildpferde zurechtzufinden. Was ist überhaupt ein Wildpferd?

Freedom, ein Hart-Mountain Hengst, der ursprünglich aus dem Hart Mountain National Fish&Wildlife Refuge stammt. 1998 wurden alle Wildpferde von dort entfernt. Heute lebt er auf der Return to Freedom Ranch.

Mary Ann Simonds, Verhaltensforscherin aus dem Staat Washington, die sich jahrzehntelang mit Wildpferden befasst hat, unterscheidet zwischen funktionalen und nicht-funktionalen Herden. Nicht-funktionale Herden beschreibt sie als vom Menschen so stark beeinträchtigt, dass die Strukturen und individuellen Verhaltensweisen sich so weit vom Ursprung entfernt haben, dass sie entweder auf Dauer nicht überlebensfähig sind oder Verhaltensweisen produzieren und etablieren, die sich negativ auf die Eingliederung in ein funktionierendes Ökosystem auswirken können: Zweijährige Stuten werden gedeckt, Junghengste übernehmen die Führung einer Herde, Fohlen werden vernachlässigt und verlassen und aggressives Verhalten, besonders unter Hengsten, nimmt deutlich zu. Diese Beobachtungen und Schlussfolgerungen zeigen, dass menschliches Eingreifen in ökologische Systeme immer weitere Eingriffe erfordert, um das aus dem Gleichgewicht geratene System in Balance zu halten. In Wahrheit führen wir die Zerstörung nur weiter fort. Eine Wildpferdherde braucht nicht unsere Hilfe, um zu überleben. Das Beste, was wir zu ihrem Wohlergehen beitragen können, ist, sie in Ruhe zu lassen. Durch die ständigen Eingriffe in ihre Umwelt und in ihre Sozialstrukturen schaffen wir ein unnormales Verhalten,

Im Schutzgebiet von Return to Freedom bleiben die Mustangs von Wassermangel verschont.

was wiederum als Beweis dafür herhalten muss, dass eine Intervention unumgänglich ist. Wir sorgen dafür, dass die Probleme nicht weniger werden.

Die Herden sind natürlich in ihrer Bewegungsmöglichkeit eingeschränkt. Zäune begrenzen ihre manchmal ohnehin nicht sehr großen Gebiete und verhindern, dass sie in schlechten Jahren auch zu weit entfernten Wasserlöchern ziehen und eine Übergrasung vermeiden können. Außerdem wird ihnen der Zugang zu Wasser nicht selten von den Ranchern aktiv verwehrt. Die Quellen werden eingezäunt und zubetoniert, damit die Pferde sie nicht erreichen können und genug für das Vieh übrig ist. Dies geschieht auch auf öffentlichen Ländereien, wo laut Gesetz die Mustangs Priorität haben sollten. Die Wildpferde, und das ist wenig bekannt, müssen sich das Land mit den großen Schaf- und Rinderherden teilen, die 94,6 Prozent der Nahrungsressourcen verbrauchen (Craig C. Downer, Statement for National Wild Horse and Burro Advisory Board, März 2009). Jede Betrachtung von Lebensweise und Verhalten der amerikanischen Mustangs muss deshalb vor dem Hintergrund massiver menschlicher Eingriffe und Einschränkungen erfolgen.

Schön sind sie, respektvoll im Umgang untereinander. Sie bereichern die Natur und sorgen für Ausgleich dort, wo sie leben.

Josh Warburton

Schütze seine Freiheit und das Land auf dem es lebt – damit auch Du deine Freiheit nicht verlierst.

Craig C. Downer

Mustangs bleiben in aller Regel, solange es der Nahrungsvorrat erlaubt, in einer Gegend. Sie wechseln ihre Weidegründe nur zwischen den Sommer- und Wintermonaten. Die Weidegebiete haben, abhängig von der Vegetation, unterschiedliche Ausdehnungen. In West-Nevada, einer sehr trockenen Gegend, kann sie 30 Quadratmeilen erreichen. In anderen, feuchteren Gebieten ist sie entsprechend geringer.
Im Winter leben die Herden oft in den Tälern, während sie im Sommer auf die saftigen Bergweiden ziehen. Aber in manchen Landstrichen, wie im Wassuk-Range in West-Nevada, zeigen die Pferde das gegenteilige Verhalten. Sie leben im Winter in den Bergen und ziehen im Sommer ins Tal. Die Berggipfel in dieser trockenen Gegend erhalten, bedingt durch ein spezielles Lokalklima, mehr Regen als die Täler, in denen sich die kalte Luft sammelt und oft tagelang hält. Hier zeigt sich wieder einmal die unglaubliche Anpassungsfähigkeit der Mustangs.

Wildpferdherden sind nicht territorial. Sie verteidigen kein Gebiet, obwohl die Hengste es markieren, sondern ihre Stuten. Selbst in relativ kleinen Gebieten wie in der Steens Mountain Range in Ost-Oregon, kann man verschiedene Herden beobachten, die sich das gleiche Weideland und die gleichen Wasserlöcher teilen. Es herrschen auch unter den Herden strikte Hierarchien, die von der Stellung der Leitstute und des Leithengstes abhängen. Erreichen mehrere Herden gleichzeitig eine Wasserstelle, so wird gewartet, bis die ranghöhere Herde getrunken hat und das Wasser verlässt. Selbst in der Deckperiode im Frühling, in der es ständig zu Begegnungen zwischen verschiedenen Herden und deren Leithengsten kommt, bleiben ernsthafte Kämpfe die absolute Ausnahme. Der Umgang unter den Herden ist von großem gegenseitigem Respekt gekennzeichnet.

Die Ordnung ist perfekt. Mustangs organisieren sich immer zum Wohl des Ganzen.

Die Größe der Herden kann sehr unterschiedlich sein. Man unterscheidet zwischen einzelnen Gruppen, die manchmal nur aus einem Hengst und einer Stute, aber selten aus mehr als zwölf Pferden bestehen. Diese Gruppen, in den USA »Bands« genannt, können sich bei Gefahr zu größeren Herden zusammenschließen, ziehen jedoch auch häufig ohne diesen äußeren Druck in loser Gemeinschaft umher. Eine Kleingruppe mit einer Stute, einem Hengst und einem Fohlen halten sich nicht selten in unmittelbarer Nachbarschaft zu einer größeren Herde auf, der sie sich bei Bedarf sofort anschließen können. Das ist alles kein Problem, solange die Hierarchien beachtet werden. Solche Herdenverbände können dann schon mal 60 bis 100 Köpfe zählen. Und hat man die Gelegenheit, eine solche Ansammlung eine Zeitlang zu beobachten, kann man sich vorstellen, welche Faszination von den Herden früherer Tage ausgegangen sein muss, deren Größe sich von Horizont zu Horizont erstreckte.

Doch unabhängig von der Größe zeigen die Gruppen und Herden alle die gleiche Struktur. Sie werden angeführt von einer Leitstute und einem Leithengst. Darunter setzt sich die Hackordnung weiter fort und jedes Pferd hat seinen festen Platz. Innerhalb der Herde können sich Untergruppen bilden. Junge Hengste neigen dazu, sich zusammenzuschließen und bilden meist unabhängige Gruppen mit eigenen Leittieren. Solche Junggesellengruppen zeichnen sich bis zu einem bestimmten Alter aber auch innerhalb der Herden ab. Sie sind immer die Ersten, die auf etwas Unbekanntes und Neues zulaufen, um es zu inspizieren. Mit hoch aufgerichtetem Kopf und gespitzten Ohren betrachten sie aufmerksam jede kleine Regung und jede Veränderung. Bewegt sich die Herde, kommt ihnen oft die Funktion der Späher zu oder sie decken die Flanke einer fliehenden Herde. Ansonsten genießen sie innerhalb der Herde keinen besonderen Status und befinden sich oft am unteren Ende der Hackordnung.

Die Rolle des Hengstes wird immer noch weit überbewertet. Er ist zuständig bei Gefahr und muss andere Hengste abwehren. Die vitalen Entscheidungen werden jedoch von der Leitstute getroffen. Sie verfügt über so viel Erfahrung, dass die Herde – und auch der Leithengst – ihr blind folgt. Es kommt vor, dass der Leithengst eine Situation als gefahrlos einstuft und die Leitstute trotzdem beschließt, sich mit der Herde zu entfernen. Man kann dann einen orientierungslos dreinschauenden Hengst sehen, der sich diskussionslos der Stute unterordnet. Hengste halten sich in aller Regel etwas außerhalb der Herde auf. Sie treiben von hinten, schützen bei der Flucht die schwächeren Tiere, während die Stute immer vornweg galoppiert und die Richtung vorgibt.

Leithengste verfügen in größeren Verbänden oft über sogenannte Adjutanten. Das sind andere Hengste, die meist keine eigenen Stuten haben und sich das »Management« mit dem Leithengst teilen. Besonders bei der Abwehr anderer Hengste kann das entscheidend sein. Aggressives Hengstverhalten kommt vor und die Biss- und Trittwunden alter Hengste zeugen von reger Kampftätigkeit. Insgesamt jedoch bin ich zu der Überzeugung gelangt, dass das Aggressionsverhalten von Hengsten in Wildpferdherden überbewertet wird. Jedenfalls vermutlich, solange die Sozialstrukturen der Herde und der Herden untereinander intakt sind. Natürlich kommt es immer wieder zu Diskussionen unter den Hengsten. Sie treffen aufeinander, begrüßen sich nach einem festen Ritual und tauschen ihre Informationen aus. Sie blasen sich gegenseitig Luft in die Nüstern, bauen sich auf, scharren mit den Hufen oder steigen sich leicht an. In den allermeisten Fällen ist es damit getan. Der Unterlegene geht seiner Wege. Niemand hat Schaden genommen und niemand hat seinen Status verloren. Überflüssige und zerstörerische Aggressionen sind eher Sache des Menschen. Wildtiere verhalten sich wesentlich vernünftiger. Und wir sollten bei der Beschreibung von deren Verhalten vorsichtiger mit unseren eigenen Projektionen umgehen.

Freies Spiel in einer freien Welt: Sinnlose Aggressionen kommen bei Wildpferden nicht vor.

Ob im Wald oder in der Steppe, die Herde ist das A und O für die Mustangs.
Sie bietet Schutz und Geborgenheit.

Selbst beim Abwerben von Stuten aus einer bestehenden Herde kommt es nicht zwangsläufig zu bluttriefenden Auseinandersetzungen. Ein Leithengst weiß genau, dass er nur eine bestimmte Anzahl von Stuten haben kann. Außerdem suchen sich Stuten in aller Regelmäßigkeit ihre Hengste auch selbst aus und wechseln auf Grund eigener Entscheidung die Herde oder schließen sich einem fremden Hengst an, um eine neue Herde zu bilden. Auch dann, wenn es um die Übernahme einer bestehenden Herde geht, muss der Hengstkampf nicht mit ernsthaften Verletzungen einhergehen. Josh Walberton aus Ost-Oregon hat sein Leben lang Mustangs beobachtet. Sein Lieblingspferd war der Kiger-Mustang-Hengst »Mesteno«. Mesteno führte jahrzehntelang eine Herde in den Steen-Mountains. Er war auch von den anderen Herden als Leithengst anerkannt. Eines Tages forderte ihn ein junger Hengst heraus. Josh Walberton hat die Szene mit angesehen und berichtet, dass der Kampf beendet war, nachdem Mesteno einmal zu Boden gegangen war. Er wusste, dass er im hohen Pferdealter gegen den jungen Konkurrenten keine Chance mehr haben würde. Der Herausforderer ließ sofort von Mesteno ab, nachdem er sich geschlagen gegeben hatte. Der alte Hengst nahm seine Leitstute mit und zog mit ihr unbehelligt in die Berge. Josh Walberton hat ihn danach nie mehr gesehen.

Diese Erzählung zeigt, wie eng die individuellen Beziehungen zwischen Pferden sein können. In Wildpferdherden spielen sie im Rahmen der Familien- und Sozialstruktur eine übergeordnete Rolle. Leider werden diese wichtigen Beziehungen immer noch nicht oder unzureichend gewürdigt. Bei den Zusammentrieben des BLM werden Familiengruppen ohne jede Rücksicht auseinandergerissen. Hengste werden von ihren Stuten getrennt, die soziale Ordnung in ihren Grundfesten zerstört. Auch unsere domestizierten Pferde werden behandelt, als hätten sie keine Gefühle und als wären ihnen Beziehungen zu anderen Pferden unwichtig. Gut für uns, dass wir nicht wissen, welchen Schmerz wir verursachen, wenn wir mal wieder eine Gruppe Pferde auseinanderreißen, weil es für uns bequemer ist.

Wir müssen von den Wildpferden lernen und begreifen, dass Pferde auf ihre Sozialstrukturen und Beziehungen auf einer lebenswichtigen Ebene angewiesen sind. Missachten wir das, ziehen wir nicht nur Pferde heran, die unzureichend sozialisiert sind und zu Problemverhalten neigen, sondern behandeln sie obendrein wie eine Sache, die man nach Belieben verschieben und verkaufen kann. Ich rate jedem, der Gelegenheit dazu hat, sich einen Film über einen Wildpferdzusammentrieb anzusehen. Es ist bekannt, dass Wildpferde sogar Futter und Wasser verweigern, nachdem sie von ihren Gruppen getrennt wurden. Sie ziehen den Tod vor.
Dazu muss man verstehen, dass das Verlassen der Herde für einen Mustang durchaus gleichbedeutend mit dem Tod sein kann. Die Herde bietet ihm Schutz und Ordnung. Sie sichert ihm Nahrung, Wasser und die Möglichkeit zur Fortpflanzung. Alleine ist er nur bedingt überlebensfähig. Deshalb wird er alles daran setzen, bei der Herde zu bleiben, welchen Preis er auch immer

dafür zahlen muss. Und der Preis kann hoch sein. Mary Ann Simonds konnte einen Vorfall beobachten, der weit außerhalb dessen liegt, was wir uns unter einer heilen Pferdewelt vorstellen. In einem sehr trockenen Jahr, in dem die Herde schon lange auf der Suche nach Wasser durch die ausgedorrte Halbwüste gezogen war, erreichte sie am Mittag eine Wasserstelle in einem kleinen Tal. Die Tiere waren geschwächt und besonders die Fohlen konnten sich kaum noch auf den Beinen halten. Da auch dieses Wasserloch ausgetrocknet war, musste die Herde weiterziehen. Ein Fohlen war nicht mehr in der Lage, zu laufen und blieb mit der Stute zurück. Der Leithengst kam immer wieder zurück, um die Stute mit ihrem Fohlen zur Herde zu bringen, aber dem durstigen Nachwuchs fehlte die Kraft, sich zu bewegen. Schließlich kehrte eine andere Stute zu Mutter und Fohlen zurück. Diese hatte schon immer eine enge Beziehung zu ihr gehabt und viel Zeit mit ihr in der Herde verbracht. Gemeinsam standen sie eine lange Zeit ruhig bei dem Fohlen.

Nicht immer ist das Leben der Mustangs so friedlich. Bisweilen spielen sich dramatische Szenen ab.

Dann plötzlich begannen sie beide gleichzeitig, auf das Fohlen einzutreten und töteten es, um schließlich zur Herde zurückkehren zu können.
Mary Ann Simonds sagt, das sei eine Entscheidung gewesen. Möglicherweise eine gemeinsame. Die beiden Stuten sahen keinen anderen Ausweg, als das Fohlen, das keine Überlebenschance mehr hatte, zu töten, um sich selbst und die Herde damit zu retten. Es einfach zurückzulassen, war unmöglich. Die Bindungen sind so stark, dass ein solches Verhalten ausgeschlossen ist. Der Tod ist dem vorzuziehen. Und es ist nicht so, dass Wildpferde dem Tod ihrer Herdenmitglieder gleichgültig gegenüberstehen. Wildpferde trauern und nehmen Abschied. Das wurde von Wildpferdkennern häufig bestätigt. Einen beeindruckenden Vorfall schilderte Neda Demayo, die Gründerin der Wildpferdorganisation »Return to Freedom«. Auf ihrer Ranch in Kalifornien leben etwa 200 Mus-tangs in mehreren Herden. Als eine der Leitstuten starb, versammelte sich der Rest der Herde in ihrer Nähe, um Abschied zu nehmen. Sie verbrachten dort eine lange Zeit. Der Leithengst schließlich nahm das Fohlen der toten Stute unter seine Obhut. Von da an umsorgte er es und das Fohlen folgte ihm auf Schritt und Tritt.

Hengste übernehmen im Herdenverband weit mehr erzieherische Aufgaben als allgemein bekannt. Nicht nur kümmern sie sich um die Jährlinge, wenn diese beginnen, ihre Kraft zu testen. Bereits vorher sind die Hengste sehr interessiert an ihrem Nachwuchs. Die Stuten lassen sie zunächst eine Zeitlang nicht in die Nähe ihrer Fohlen. Das wird auch ohne Widerrede akzeptiert. Aber nach einer Weile wird den Hengsten erlaubt, Kontakt aufzunehmen. Dann kann man beobachten, dass auch das Fohlen die Nähe zum Vater sucht.

Die Umgangsformen sind dabei sehr sanft, aber bestimmt. Letztendlich wird ein Fohlen von der ganzen Herde erzogen. Jeder trägt seinen Teil bei. Je älter sie werden, desto deutlicher werden ihnen die Regeln der Herde gemacht. Konnten sie heute noch unbehelligt in jedes Pferd hineinlaufen, so werden sie morgen beim gleichen Verhalten weggebissen. Das Fohlen lernt, die Rangordnung einzuhalten und signalisiert diese Erkenntnis schon früh mit dem sogenannten Fohlenkauen. Dabei streckt es seinen Kopf unterwürfig dem Ranghöheren entgegen und macht Kaubewegungen. Dieses Verhalten setzt sich noch lange fort und wird auch unter erwachsenen Tieren beobachtet. Interessant ist, dass Fohlen von Leitstuten meist zu neuen Leittieren heranwachsen. Sie übernehmen den Status nicht qua Geburt, aber sie lernen von ihrer Mutter das dominante Verhalten und übernehmen es.

Fohlen werden von der ganzen Herde erzogen. In den ersten Monaten genießen sie Narrenfreiheit.

In Oregon konnte ich mehrere Herden beobachten, deren Leittiere, seien es Hengste oder Stuten, alle eine sehr markante Färbung aufwiesen. Es waren Rappen mit einer wie ein weißer Blitz aussehenden Zeichnung an der linken Schulter. Vier Tiere waren es, zwei Hengste und zwei Stuten, und alle waren die Anführer ihrer Herden.

Wie bereits erwähnt, teilen sich Leithengst und Leitstute die Aufgaben zur Führung der Herde. Der Hengst treibt von hinten, die Stute führt von vorne. Sie sind verantwortlich für die Nahrungssuche, das Wasser und den Schutz der Herde. Außerdem regeln sie die Fortpflanzungsaktivitäten. Das Deckgeschäft obliegt dem Leithengst. Nur selten wird anderen Hengsten das Decken erlaubt, aber es kommt vor, wenn sie sich mit einer Stute in einer eigenen kleinen Gruppe organisieren, die der Hauptherde zugeordnet ist.

Auch die Leitstute nimmt Einfluss und verhindert, dass junge Stuten gedeckt werden. In Zeiten von Nahrungsknappheit oder Wassermangel kann es vorkommen, dass in einer Herde nur ein Fohlen geboren wird – das der Leitstute. Fachleute bezeichnen ein solches Verhalten als selbstregulierend. Es ist von fast allen Wildtieren bekannt, die ihre Population von den verfügbaren Ressourcen abhängig macht, um die Art zu erhalten. Natürlich müssen die Voraussetzungen stimmen, damit ein solcher Mechanismus funktionieren kann: Die Herdenstruktur muss intakt sein, der Mensch darf nicht intervenieren und es müssen natürliche Feinde vorhanden sein, die zur Bestandsregulierung beitragen. Ein solcher Glücksfall ist die Montgomery-Pass-Herde an der Grenze von Nevada zu Kalifornien. Seit 25 Jahren unterliegt die Herde keinem Einfluss von außen. Das BLM hat nicht versucht, sie zu »managen«. Es gab keine Round-ups und keine Fütterungen. Der Bestand der Herde hat sich während des gesamten Zeitraums immer zwischen 150 und 200 Tieren bewegt. Es widerlegt die Behauptung, Wildpferdherden würden sich alle drei bis vier Jahre in ihren Beständen verdoppeln. Sie tun es, wenn ihre Strukturen zerstört werden und ihre Zahl in regelmäßigen Abständen durch Zusammentriebe drastisch reduziert wird. Es ist eine Reaktion auf die Intervention des Menschen, die dann als Beweis dafür herhalten muss, dass weitere Eingriffe erforderlich sind. Man nennt es systemimmanenten Wahnsinn.

Mustangs entwickeln ein Leben in Harmonie mit sich und ihrer Umgebung, wenn man sie nur lässt. Lange hat sich die Öffentlichkeit blenden lassen von Berichten über halb verhungerte und kranke Herden, die vom BLM gerettet werden mussten. Rettung ist gleichbedeutend mit Einfangen und Einsperren. Verschwiegen wird, dass solche Katastrophen immer durch den Menschen zuvorderst verursacht wurden. Auf die genauen Zusammenhänge wird in einem späteren Kapitel eingegangen. Jedenfalls ist es beeindruckend, in welch hervorragendem Zustand sich die Mustangs befinden, wenn sie genügend Raum zur Verfügung haben. Ihr Fell glänzt, ihre Sinne sind wach, ihre Kraft und ihre Ausdauer spiegeln sich in jeder ihrer Bewegungen. Sie galoppieren über felsiges Gelände, in dem wir mit domestizierten Pferden bereits im Schritt unsere lieben Probleme haben würden. Ihre Gelenke sind stark und elastisch, ihre Hufe hart wie Stein. Niemals haben sie einen Hufschmied gesehen, niemals wurden sie getrimmt. Trotzdem zeigen die Hufe eine perfekte Form und Konsistenz. Die Tragränder, auch wenn sie Ausbruchstellen zeigen, sind fest, die Sohle ist hart. Selbst die Dülmener Wildpferde aus Westfalen in ihrem sehr begrenzten Lebensraum bestätigen diese Eigenschaften. Es zeigt sich auch hier: Je mehr man sie lässt, desto besser geht es ihnen.

Wenn man sie nur lässt, geht es ihnen gut. Mustangs in den Ausläufern der Steen-Mountains.

Wie schädlich der menschliche Einfluss auf die Pferde ist, beweist der Zustand eingefangener Mustangs in den Stationen des BLM. Dort werden sie medizinisch untersucht, geimpft, entwurmt und werden fortan, ohne dass sie die entsprechende Bewegung hätten, mit nährstoffreichem Alfalfa-Heu gefüttert. Viele bekommen Durchfall. Ihr Verdauungssystem ist auf solchen Überfluss nicht eingestellt. Ihr Immunsystem reagiert kritisch auf die Medikamente, die den Pferden unbekannt sind. Ihnen wird ein Bärendienst erwiesen. Und fatalerweise glauben immer noch viele, es sei zum Besten der Tiere.

Nach all dem, was der Mensch ihnen angetan hat und weiter antut, ist es mehr als verwunderlich, dass Mustangs nicht jeden Menschen, der sich ihnen nähert, schonungslos umrennen. Stattdessen bauen sie wieder und wieder neues Vertrauen auf. Einige Herden jedoch scheinen ihre Lektionen gelernt zu haben und scheuen jeden menschlichen Kontakt. Sie ziehen sich so weit es geht in die entlegendsten Gebiete zurück und nehmen dabei in Kauf, von sicheren Nahrungsquellen abgeschnitten zu sein. Andere Herden zeigen sich von Autos relativ unbeeindruckt. Steigt jedoch ein Mensch aus, ergreifen sie die Flucht. Will man sich einer Herde nähern, braucht man unendlich viel Geduld und Zeit. Es kann Tage dauern, bis man soweit akzeptiert wird, dass die Herde eine gewisse Nähe erlaubt. Meist kommt es aber nicht so weit, weil die Pferde immer wieder rechtzeitig die Flucht ergreifen und eine Annäherung auf unter 100 Meter ist schon eine Seltenheit.

Absolute Sicherheit und Freiheit schließen einander aus.

Abraham Lincoln

Zudem muss man als Fußgänger den Hengst gut im Auge behalten. Es kommt selten vor, aber es sind Fälle bekannt, in denen Menschen von Leithengsten angegriffen wurden. Das passiert immer dann, wenn man sich zum Beispiel zwischen den Hengst und die Herde bringt oder wenn man sich gegen den Wind genähert hat und plötzlich hinter einer Baumgruppe auf eine Herde stößt. Damit hat man den Sicherheitsabstand unterschritten, der der Herde eine gefahrlose Flucht ermöglichen würde. Der Hengst muss jetzt agieren.
Ebenfalls sollte man es vermeiden, sich zwischen eine Stute und ihr Fohlen zu bringen. Pferde suchen immer den direkten Weg, und wer ihn versperrt, wird zu Boden gerissen. Hat man alles richtig gemacht, bewegt man sich langsam und schafft man es, ruhig zu bleiben, kann man sich einer Herde, die nicht traumatisiert ist, bis auf 50 Meter, manchmal sogar weniger, nähern. In der Regel wird man dabei von allen Pferden, besonders vom Leithengst, aufmerksam beobachtet. Hinsetzen ist ein gutes Mittel. Wer sich klein macht, bedeutet weniger Gefahr. Wer sitzt, kann nicht angreifen. Pferde verstehen diese Körpersprache.

Ich habe es nur einmal geschafft, von einer Herde akzeptiert zu werden. In den Steen-Mountains hatte ich am frühen Morgen eine Herde gefunden, die ich bereits an mehreren Tagen vorher beobachtet hatte. Als ich mich näherte, kamen zunächst zwei Junghengste, um mich in Augenschein zu nehmen. Ich war ihnen nicht geheuer, und sie hielten mich für eine ganze Weile auf Distanz. Dann trabte die Herde plötzlich an und brachte sich hinter dem nächsten Hügel in Sicherheit. Ich folgte langsam und das Spiel wiederholte sich einige Male. Im Laufe des Morgens konnte ich die Distanz Schritt für Schritt verringern. Dabei ging ich niemals direkt auf die Herde zu, sondern bewegte mich im Zickzack in ihre Richtung. Zwischendurch blieb ich immer wieder stehen, entfernte mich, kam näher. Einmal schlug ich einen weiten Bogen, so dass ich fast vor die Herde kam. Mittlerweile hatte das Interesse an mir deutlich nachgelassen, und es war nicht mehr ich, der sich näherte, sondern es waren die Pferde, die die Distanz verringerten. Ihr Rhythmus übertrug sich auf mich. Gehen – stehen – gehen. Sie waren so nah, dass ich sie mit dem ausgestreckten Arm hätte berühren können. So ging ich mit ihnen für den Rest des Tages, bis wir einen kleinen steilen Canyon erreichten. Es war offenbar eine Grenze, denn keines der Pferde machte Anstalten, weiterzugehen. Ich war müde und setzte mich hin. Einige Junghengste beschlossen daraufhin, mich genauer zu inspizieren. Sie standen im Halbkreis vor mir und einer nach dem anderen drückte seine Nase gegen mich. Es erinnerte mich an Mary Ann Simonds, die ihr kleines Kind mitten in eine Herde Wildpferde gesetzt hatte. Die Pferde, so Mary Ann, näherten sich ihm sehr vorsichtig und vermieden jede Situation, die eine Gefahr für das Kind hätte bedeuten können. Vertrauen scheint der Schlüssel zu sein.

Erst der Leithengst, der mich bis dahin völlig ignoriert hatte, machte dem Spiel ein Ende. Er vertrieb die Zweijährigen und nahm nun seinerseits Kontakt zu mir auf. Es war ein beeindruckender Schimmel mit brauner Zeichnung. Seine Körpersprache war nicht aggressiv. Seine Ohren standen aufrecht, seine Augen schauten neugierig. Seine Vorwärtsbewegung erfolgte mit eingelegtem Rückwärtsgang, jederzeit bereit, einen Sprung nach hinten zu machen. Er beschnupperte mich ausgiebig, sog die Luft tief ein und flehmte. Dann ließ er von mir ab und graste ruhig weiter. Glücklich und zufrieden, den Tieren so nah gekommen zu sein, streckte ich mich in der warmen Nachmittagssonne ins Gras und schlief ein.

Als ich erwachte, traute ich meinen Augen nicht. Die ganze Herde stand um mich herum und döste vor sich hin. Zwei Fohlen lagen keine fünf Meter vor mir im Gras und schliefen. Da es bereits spät war und ich einen langen Rückweg zum Auto vor mit hatte, stand ich langsam auf. Keines der Pferde zeigte eine Reaktion auf meine Bewegung. Nachdem ich mich verabschiedet hatte, machte ich mich auf den Weg. Einzelne Pferde lösten sich aus der Herde und folgten mir. Schließlich setzten sich alle in Bewegung und gemeinsam gingen wir den Weg bis zum Zaun, hinter dem mein Auto parkte. Die Leitstute hielt sich dabei konstant etwa 20 Meter links neben mir. Als ich über den Zaun kletterte, sahen mich die Mustangs ungläubig an. Es mag meine Interpretation sein, das, was ich gerne sehen wollte, aber in ihren Blicken lag für mich die Frage: »Was machst du denn da? Jetzt haben wir dich gerade mal bei uns aufgenommen und dann verlässt du uns.« Ich hatte Tränen in den Augen, als ich die Autotür schloss. Am nächsten Tag habe ich die Herde nicht mehr gefunden.

Es beschämt mich, wie diese Pferde mich behandelt und aufgenommen haben. Und es macht mir Angst, denn ihr Vertrauen kann eines Tages ihren Tod oder ihre Gefangenschaft bedeutet.

Der Mensch ist der schlimmste Feind der Mustangs. Der einzig andere Feind, den sie fürchten müssen, ist der Berglöwe, den der Mensch jedoch ebenfalls so weit dezimiert hat, dass sich kein natürliches Gleichgewicht mehr einstellen kann. In einigen Gegenden leben die Raubtiere noch in ausreichender Zahl, um ihrer regulierenden Funktion nachkommen zu können. Wie in der Natur üblich, fallen ihnen aber nur kranke, schwache und junge Tiere zum Opfer. Ein unbewachtes Fohlen ist für einen Berglöwen leichte Beute. Den Hufen eines erwachsenen Tieres ist er jedoch kaum gewachsen, wenn er es überhaupt stellen könnte. Der Ausdauer und Schnelligkeit der Pferde hat er nichts entgegen zu setzen. Auch ein Rudel Wölfe könnte ein Fohlen von der Herde trennen und es schlagen. Wolfsrudel kommen aber ebenfalls so gut wie nicht mehr vor.

Taucht trotzdem eine Gefahr auf, suchen die Pferde ihr Heil immer in der Flucht. Dazu hat die Natur sie hervorragend ausgestattet. Sie jagen im vollen Galopp über das unwegsamste Gelände, wenn sie attackiert oder verfolgt werden. Es bedarf eines sehr guten Reiters auf einem sehr guten Pferd, um beim Fang eines Mustangs erfolgreich zu sein. Round-ups zu Pferd sind aufwendig und wenig effizient. Diese Unterlegenheit führte dazu, dass die Regierung das Einfangen mit Fahrzeugen und Flugzeugen wieder erlaubt hat. Den Vergleich auf Augenhöhe haben die Wrangler, so wurden die Mustangfänger auf Pferden genannt, oft genug verloren.

Die Tribes

Ich habe mich für die Bezeichnung »**Tribe**« entschieden, weil sie für mich die Nähe zu den Ureinwohnern Amerikas und zu deren Geschichte verdeutlicht. Andere Bezeichnungen für die verschiedenen Herden sind »Strains« oder »Bloodlines«. Sie lassen sich häufig, aber nicht immer, auf spanisches Blut zurückverfolgen, das im 16. Jahrhundert von den Eroberern nach Amerika gebracht wurde. In der Tat konzentriert sich die Forschung auf dieses Gebiet und Herden mit reinem spanischen Blut werden konserviert und dokumentiert. Für sie gibt es eigens eingerichtete Registraturen. Dr. Phillip Sponenberg ist einer der renommiertesten Wissenschaftler in den USA, der sich mit der Thematik intensiv auseinandersetzt und wird regelmäßig konsultiert, wenn es um die Bestimmung und Weiterzucht einzelner Pferde oder ganzer Herden geht.
Die Erhaltung des reinen spanischen Blutes haben sich viele Organisationen in den USA zum Ziel gesetzt. Durch die Vermischung mit anderen Rassen drohte das genetische Erbe verloren zu gehen.

Deshalb wurden und werden immer wieder Mustangs, die eindeutige spanische Merkmale zeigen, isoliert und zum Teil in andere Herden reintegriert.

Die Namen der Herden beziehen sich meist auf ihre geographische Herkunft. Im Fall der hier Vorgestellten ist das bis auf die Choctaws bei allen so. Der Name Choctaws bezieht sich auf die Choctaw Indianer, die diese genügsamen und relativ kleinen Ponys züchteten.

Die heute noch frei lebenden Herden sind alle mehr oder weniger Kreuzungen der verschiedensten Rassen, aber viele zeigen eben die deutlichen spanischen Merkmale. Manche der Herden waren lange relativ isoliert und hatten kaum Zufuhr fremden Blutes von außen. Solche Herden werden von Wissenschaftlern natürlich bevorzugt, da sie eindeutiger zu bestimmen sind.

Ich habe die Tribes alphabetisch geordnet. Die Reihenfolge sagt also nichts über deren Wichtigkeit aus.

Staat:	*Nordwest Arizona*
Anzahl:	*etwa 90*
Größe:	*140–160 cm*
Rasse:	*Colonial Spanish Mustang*
Klima:	*kalte Winter, heiße Sommer*

Cerbats

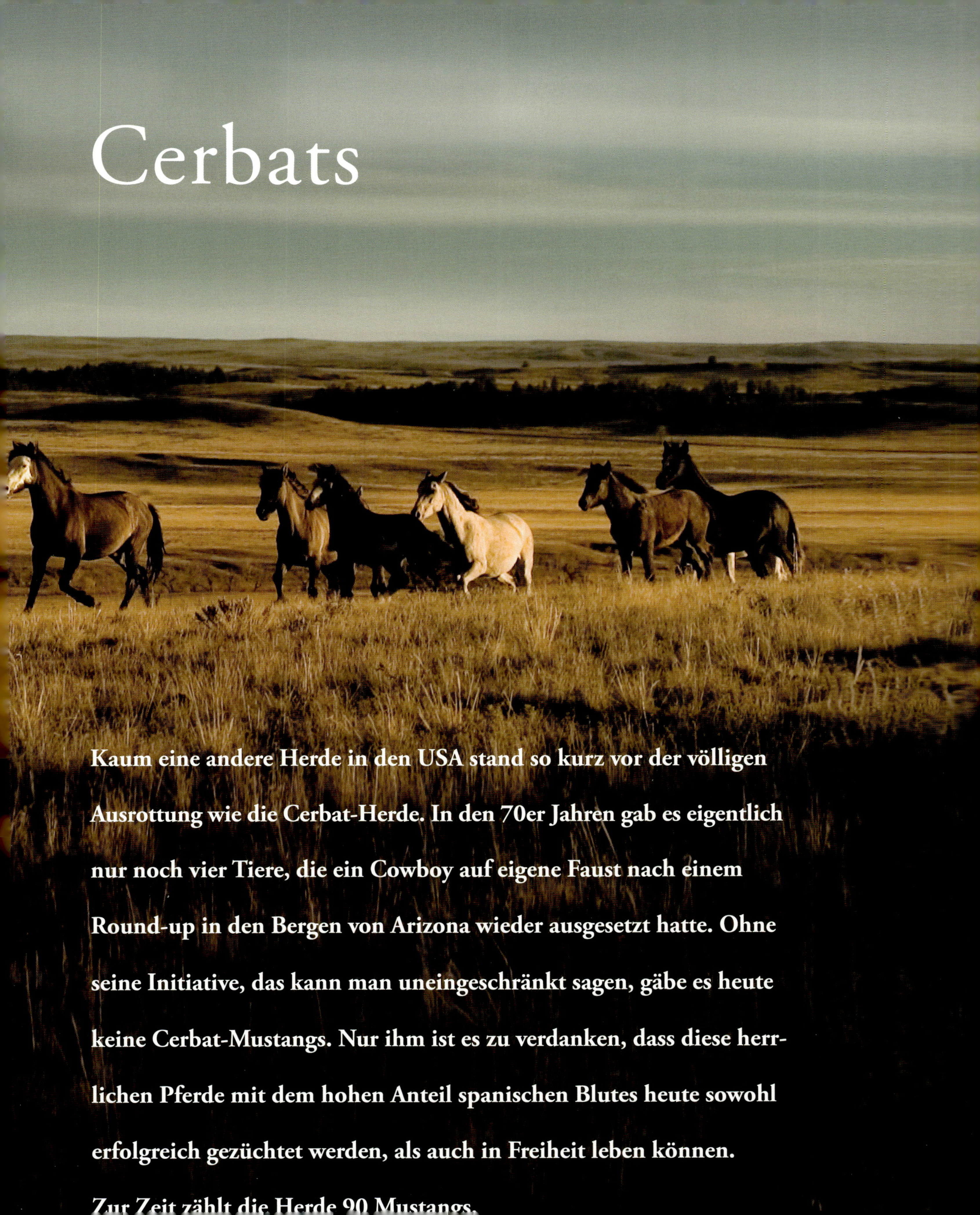

Kaum eine andere Herde in den USA stand so kurz vor der völligen Ausrottung wie die Cerbat-Herde. In den 70er Jahren gab es eigentlich nur noch vier Tiere, die ein Cowboy auf eigene Faust nach einem Round-up in den Bergen von Arizona wieder ausgesetzt hatte. Ohne seine Initiative, das kann man uneingeschränkt sagen, gäbe es heute keine Cerbat-Mustangs. Nur ihm ist es zu verdanken, dass diese herrlichen Pferde mit dem hohen Anteil spanischen Blutes heute sowohl erfolgreich gezüchtet werden, als auch in Freiheit leben können. Zur Zeit zählt die Herde 90 Mustangs.

Die Cerbat-Herde

Sie gilt als eine der Herden mit dem reinsten spanischen Blut. 1966 wurden Unterlagen gefunden, aus denen sich schließen ließ, dass es bereits 1860 eine Mustangherde in der Gegend gab, die sich nie mit anderen Pferden vermischt hatte. Auch die vor Ort lebenden Indianer erklärten, die Pferde seien schon immer da gewesen. Über ihre Herkunft gibt es drei Theorien. Eine besagt, dass sie schon unmittelbar nach Ankunft der Spanier im 16. Jahrhundert entstanden sei. Eine Zweite führt sie auf entlaufene Pferde verschiedener Expeditionen im 17. Jahrhundert zurück. Die dritte Annahme lautet, die Herde hätte sich aus entwischten Pferden der großen spanischen Haciendas im 18. Jahrhundert gebildet.

Der Lebensraum der Mustangs im Nordwesten Arizonas gehört mit zu den lebensfeindlichsten überhaupt. Auf 1500 bis 2100 Metern Höhe kann es extrem trocken sein und die Temperatur klettert nicht selten auf über 40 Grad. Die Cerbat-Herd-Area erstreckt sich über 83.000 Acres in der Gegend von Kingman, Arizona.

Da in der Gegend viele Berglöwen leben, ist es kaum erforderlich, die Population durch Roundups zu dezimieren. Die Natur erledigt das selbst und hat deshalb mit den Cerbats eine Rasse geformt, die an Zähigkeit, Ausdauer und Kraft ihresgleichen sucht. Durchschnittlich werden sie 140 bis 160 cm groß und wiegen ca. 370 Kilogramm.

Dass die Herde überhaupt überlebt hat, verdankt sie wie gesagt der Initiative eines einzigen Mannes. Im Jahr 1971 waren die Wasservorräte in der Gegend so knapp geworden, dass die Rancher begannen, systematisch alle Wildpferde auszurotten, um mehr Wasser für ihr Vieh zu haben. Ein Rancher, der die komplette Ausrottung verhindern wollte, gab einem Freund, Ira Wakefield, die Erlaubnis, die restlichen Pferde einzufangen. Es dauerte Wochen, bis die Vorbereitungen getroffen waren, denn es war in jener Zeit sehr schwierig, Motorfahrzeuge in die entlegenen Bergregionen zu bringen. Alle bis auf eine Wasserstelle wurden umzäunt. An dieser letzten offenen Wasserstelle bauten die Cowboys eine Falle und mussten tagelang warten, bis sich die scheuen und klugen Pferde vom Durst überwältigt einfangen ließen. Es war zu dieser Zeit eine sehr aufwendige Arbeit, die viel Geduld erforderte. Die Männer verbrachten Tage und Wochen in den Bergen. Fast alle Wege mussten zu Fuß oder zu Pferd zurückgelegt werden. Dann waren es nur relativ wenige Tiere, die in die Falle tappten. Weniger als 20 Mustangs umfasste die Herde zu diesem Zeitpunkt noch. Die Gruppe wurde unter mehreren Personen aufgeteilt. Bis zu acht Pferde traten den Transport nach Washington DC an. Ihre Spur verliert sich und niemand weiß, was aus ihnen geworden ist. Einige Pferde verschlug es nach Colorado. Einen besonders schönen Hengst nahm Robert E. Brislawn auf seine Cayuse Ranch in Oshoto, Wyoming. Ein einziger verbliebener Hengst mit drei Stuten wurde von Wakefield, der den Fang organisiert hatte, wieder in den Bergen ausgesetzt.

Amante, ein Cerbat-Hengst, ist einer der Repräsentanten der Return to Freedom Ranch.

Alle Geschöpfe dieser Erde fühlen wie wir,
alle Geschöpfe der Erde streben nach Glück wie wir,
alle Geschöpfe der Erde leiden und sterben wie wir.
Also sind sie uns gleichgestellte Werke des allmächtigen Schöpfers.

Franz von Assisi

Ein gutes Jahr später wurde die kleine Herde erneut eingefangen und drei Jährlinge sowie ein frisch entwöhntes Fohlen nach Phoenix gebracht. Drei wurden an die Apache Trail Ranch verkauft, die bereits damals Marye Ann Thompson gehörte, und wo man die außergewöhnlichen Fähigkeiten der Mustangs erkannte. Es waren das Hengstfohlen Ira's Possum und die Stutfohlen Sonora und Taco. Um das seltene Erbgut zu bewahren beschloss man, eine Herde mit reinem Cerbat-Blut neu aufzubauen – mit nur einem Hengst und zwei verbliebenen Stuten eine schwierige Aufgabe. Um die genetische Bandbreite zu erhöhen, wurden zwei Stuten, Lover und Supai, aus der Colorado-Gruppe zurückgeholt. Die Zucht konnte beginnen und baute sich auf diesen fünf Pferden auf.

1990 kam die überraschende Neuigkeit, dass es in den Bergen eine weitere, bisher unentdeckte Herde gebe. Offenbar war es eine kleine Gruppe, die den Nachstellungen in den 70ger Jahren entgangen war. Ein Rancher beschwerte sich beim BML, da er davon ausging, dass es in der Gegend keine Wildpferde mehr geben durfte. Sofort wurden auch sie in eine Falle gelockt und gefangen. Vergleichende Blutuntersuchungen an der Universität von Kentucky ergaben, dass es sich um Mitglieder der gleichen Herde handelte, zu der die 1971 gefangenen Tiere gehörten. Allerdings war eine starke Inzucht festzustellen, was bei der geringen Anzahl der Tiere nicht verwundert. Verwunderlich war nur, dass die Mustangs trotz der jahrelangen Inzucht keinerlei Mängel aufwiesen. Im Gegenteil: sie waren stark und gesund. Erklärbar ist das nur mit den extrem schwierigen Lebensbedingungen und der hohen Dichte natürlicher Feinde, die jedes schwache Tier aus der Herde entfernten. In den Bergen Arizonas konnten nur die gesündesten und sozial intaktesten Mustangs überleben. Die zusätzlichen Pferde wurden alle dem Zuchtprogramm zugeführt. Die heutige Größe von etwa 90 Tieren ist zwar erfreulich verglichen mit den düsteren Anfängen, aber immer noch deutlich zu gering.

Den Cerbats eilt der Ruf voraus, äußerst intelligent und lernwillig zu sein und eine natürliche Bindung zum Menschen zu haben. Ihre Sehnen, Knochen und vor allem die Hufe sind für ein Leben in den Bergen geschaffen. Kaum dass ein Hufschmied Hand anlegen müsste. Es sind Hufe, die nicht zu verbessern sind. Der Rücken ist kurz, die Hinterhand kräftig. In Ruhe zeigen sie einen Puls von unter 30 Schlägen, was sie zu begehrten Pferden für Distanzreiter macht. Fast alle sind Braune oder Füchse, viele stichelhaarig. Die Fohlen sind in aller Regel ausgesprochen stark und saugen bereits nach 15 bis 20 Minuten. Stuten können bis in die Mitte ihrer 20er Jahre noch trächtig werden.

Marye Ann Thompson, eine der erfolgreichsten Züchterinnen von Cerbat-Mustangs, stellt große Ähnlichkeiten mit Andalusiern und Lusitanos fest, aber große Unterschiede im Äußeren zu Pryor-Mountain-Mustangs oder zu den Kigern. Sie besitzt heute einen Großteil der Cerbat-Pferde. Bis auf eine Stute und einen Hengst auch noch alle, die 1990 eingefangen wurden.

Staat:	*ursprünglich Mississippi und Oklahoma*
Anzahl:	*etwa 200*
Größe:	*130–140 cm*
Rasse:	*Spanish Mustang, Native Strain*
Klima:	*milde Winter, heiße Sommer*

Fast noch dramatischer als die Geschichte der Cerbat-Mustangs ist das Schicksal der Choctaw-Ponys. Diese kleinen, zähen Pferde, die über die Jahrhunderte den Choctaw-Indianern, ihren Namensgebern, treu verbunden waren, waren so oft am Rande der Ausrottung, dass es nicht weniger als ein Wunder ist, dass sie bis heute überlebt haben.

Die Choctaw-Ponys

Sie gehörten wohl zu den ersten europäischen Pferden, die von den Indianern adoptiert wurden. Bereits im 16. Jahrhundert ließ Hernando de Soto etliche Tiere bei den Choctaws zurück. Ob freiwillig oder unfreiwillig, ist nicht überliefert. Jedenfalls führte er auf seiner Suche nach den sieben goldenen Städten einen Krieg gegen die Choctaws, als diese sich weigerten, ihm ihren Häuptling als Sklaven zu überlassen. De Soto gewann, verlor aber viele Männer und wahrscheinlich auch viele Pferde. Die Choctaws hatten schnell den Nutzen der »großen Hunde« ausgemacht und lernten, mit ihnen zu arbeiten. In ihrer Heimat am Mississippi wurden sie zu bekannten Pferdezüchtern, aber gaben, anders als später ihre Vettern im Norden, das bäuerliche Leben dafür nicht auf. Sie integrierten das Pferd in ihren Alltag und die Frauen war fortan für den neuen Partner verantwortlich.

Sie banden ihren Pferden kleine Glöckchen in die langen Mähnen, um sie in Hörweite zu halten und vermieden so gleichzeitig, sie anbinden oder einsperren zu müssen. Sie trugen die Lasten der Feldarbeit oder der Jagd und dienten Kindern und Alten als Fortbewegungsmittel. Nachdem De Soto seinen Traum von großem Reichtum ausgeträumt hatte, blieben die Choctaws lange unbehelligt von der Gier der Weißen. Später allerdings sollten sie zwischen die Fronten von Engländern und Franzosen geraten und fast dazwischen zerrieben werden.

Sie haben überlebt, auch wenn sie dabei Teile ihrer Eigenständigkeit verloren. Bis ins 19. Jahrhundert hinein lebten die Choctaws ein relativ ruhiges Leben. Ihre Ponys gehörten so selbstverständlich zu ihnen, dass auch die Indianer mittlerweile glaubten, sie seien schon immer da gewesen. Dann kam das Jahr 1831, in dem Präsident Andrew Jackson seinen Plan, die Indianer zu vertreiben und sie nach Westen umzusiedeln, in die Tat umsetzte. Und er begann mit den Choctaws, die der Umsiedlung unter bestimmten Bedingungen zugestimmt hatten, um, wie sie sagten, ihre Freiheit zu behalten. Im Indianer-Territorium von Oklahoma sollten sie eine neue Heimat finden. Aus der Umsiedlungsaktion wurde ein Desaster. Der Choctaw-Häuptling Nitikechi nannte sie »den Weg der Tränen und des Todes«. 12.000 Indianer brachen 1831 nach Oklahoma auf. Davon starben 2.500 auf dem Weg dorthin. Und mit ihnen starben ihre Ponys, die manchmal fünf Kinder zusätzlich zu anderer Last durch Unwetter auf ihren Rücken trugen, ohne ausreichend Futter und Wasser zu bekommen. Für die Choctaws und ihre Pferde begann ein langer Leidensweg.

Nach der Vertreibung der Indianer setzte das Militär systematisch seine Vernichtungspolitik fort. Sie nahmen den Indianern ihre Pferde. Ohne Pferde, das wussten die Generäle, waren sie leichter zu kontrollieren und stellten für die waffentechnisch ohnehin überlegenen Soldaten keine Gefahr mehr dar. Niemand weiß, wie viele Indianerponys in dieser Zeit erschossen wurden. Den Choctaws jedenfalls blieben nur wenige kleine Herden, die sie misstrauisch vor jedem Weißen in den entlegendsten Winkeln der Reservate versteckten, um mit ihnen ein Stück ihrer Kultur, ihrer Geschichte und Spiritualität zu bewahren.

Die Pferde sind unsere Brüder. Sie tragen uns auf ihren Rücken und wir tragen sie in unseren Herzen.

Sioux-Indianer

Denk, wenn wir von Rössern sprechen,
wie ihre Hufe sich ins Erdreich graben.

William Shakespeare

Besonders die auffälligen und seltenen Färbungen begeistern die Experten. Sogar völlig symmetrische Zeichnungen kommen vor.

Die Return to Freedom Ranch braucht mehr Platz!
Die Choctaw-Jährlinge mussten das Feld für den
neuen Nachwuchs räumen

»Wenn du ein Indianer-Pony nicht auf den ersten beiden Meilen einholen kannst, dann gib auf.«

Die Mustangs, die von den Soldaten für eigene Zwecke genutzt werden sollten, wurden mit fremden, größeren Hengsten gekreuzt. Obwohl sie sehr gut um die herausragenden Qualitäten der kleinen Ponys wussten, waren sie so in ihrer Arroganz befangen, dass sie nicht sehen konnten, wie sie die alten spanischen Blutlinien durch ihre unsinnigen Eingriffe zerstörten. Trotz aller widrigen Umstände setzte sich unter den Cowboys mit der Zeit der gute Ruf der Choctaws durch. Einer der ihren, ein Choctaw Indianer namens Hal Brame, hatte erheblichen Anteil daran. Mit seinem Mustang »Ind'n Pony« gewann er ein 50-Yard-Rennen nach dem anderen. Zudem legten die Choctaw-Ponys eine Ausdauer an den Tag, mit der das herkömmliche Kavallerie-Pferd nicht konkurrieren konnte. General Crook wird mit den Worten zitiert: »Wenn du ein Indianerpony nicht auf den ersten beiden Meilen einholen kannst, dann gib auf, denn sie laufen hundert Meilen am Tag und sind am nächsten Morgen frisch genug, die gleiche Strecke noch mal zu gehen.«

Aber so wie die Zeit verging, so verblassten die Erinnerungen an die phantastischen Pferde und ihre Geschichte. Die Alten starben und mit ihnen das Wissen um das Choctaw-Pony. In einer veränderten Welt gab es keinen Platz mehr für Indianer, Cowboys und Mustangs. Zu allem Übel befahl die US-Regierung in den 50er Jahren des vorigen Jahrhunderts, alle Wildpferde in Oklahoma zu erschießen. Grund dafür war eine Zeckenplage, der man auf diese Weise beikommen wollte.

Und wieder war es ein einzelner Mann, der auf den Plan trat, zur richtigen Zeit am richtigen Platz war und sich anschickte, die Choctaws vor dem Aussterben zu bewahren. Gilbert H. Jones war ein junger Cowboy aus New Mexico und hatte eine Leidenschaft für Spanische Mustangs entwickelt. Als er mit seiner Familie in Oklahoma ankam, besaß er wenig mehr als ein paar Habseligkeiten, einen Zuchthengst und ein paar Maultiere. Trotzdem träumte er davon, eine Herde mit reinem spanischen Blut aufzubauen. Er ließ sich in den Kiamichi Mountains nieder und lernte dort einige der wenigen verbliebenen Choctaw-Ponys kennen. Von ihren herausstechenden Eigenschaften begeistert, baute er mit seinem Freund Robert Brislawn eine eigene Zucht auf. Grundlage dafür waren einige Stuten und der Hengst »Rooster«, dessen Stammbaum sich bis auf den »Treck der Tränen und des Todes« zurückverfolgen ließ.
Jones Zuchtbemühungen waren äußerst erfolgreich. Seine Pferde erlangten landesweite Berühmtheit, als sie nacheinander viele 50- und 100-Meilen-Distanzritte gewannen. Plötzlich wollte jeder ein solches Pferd besitzen. Die Stute »Choctaw Star« wurde zur Legende, als sie 1983 den amerikanischen 1000-Meilen-Distanzritt als erster Spanischer Mustang scheinbar mühelos und ohne irgendwelche Blessuren gewann.

In den 80er Jahren hatte Jones eine Herde von etwa 100 reinblütigen Choctaws aufgebaut und war sicher, dass, sollte keine große Katastrophe mehr geschehen, die kleinen Ponys gut für die Zukunft gerüstet waren.
Jones starb 93jährig im Juli 2000. Die nächste Katastrophe blieb ihm erspart. Erst vor wenigen Jahren wurde die Herde von einer sehr seltenen und gefährlichen Viruserkrankung heimgesucht, die das Immunsystem der Pferde angreift. Viele wurden durch die Krankheit hinweggerafft, aber die Überlebensfähigkeit der Indianerponys zeigte sich dem Virus überlegen. Mit Hilfe von Bryan und Darlene Rickman, die Jones Zucht übernommen hatten, wurden die Pferde auch durch diesen Schicksalsschlag nicht ausgerottet.
Heute gibt es wieder etwa 200 reinrassige Choctaws, die im Wesentlichen auf drei Standorte verteilt sind: Die Ranch der Familie Rickman, die Red-Road-Farm von Drehbuchautor John Fusco in Vermont und auf Neda Demayos Return to Freedom Ranch in Lompoc, Kalifornien, auf der seit Dezember 2007 eine kleine Herde lebt, die sich gut entwickelt und in diesem Frühjahr vier prächtige Fohlen geboren hat. Der Bestand ist aber immer noch so klein, dass ihr genetisches Überleben nicht gesichert ist.
Eine Besonderheit sei an dieser Stelle erwähnt. Verglichen mit europäischen Vollblütern oder den auch nicht sehr großen Quarter Horses, erscheinen die Choctaws wirklich klein. Die Jährlinge sind kaum größer als ein halbjähriges Vollblutfohlen. Erst wenn man mit ihnen arbeitet, erkennt man ihre wirkliche Größe.

Staat:	*Ost-Oregon*
Anzahl:	*etwa 75*
Größe:	*140–160 cm*
Rasse:	*Spanish Colonial Mustang*
Klima:	*kalte Winter, heiße trockene Sommer*

Kiger-Mustangs

Manche sagen, die Kiger-Mustangs seien ein Kunstprodukt, eine von Menschen geschaffene künstliche Herde, die es so nicht gab und – unausgesprochen – auch nicht geben sollte. Bis zu einem gewissen Grad stimmt diese Einschätzung, auch wenn sie möglicherweise nicht ganz von Neid unbeeinflusst zu Stande gekommen ist.

Ron Harding separierte alle in Frage kommenden Mustangs und bereitete sie für eine Wiederauswilderung vor. Um nicht alle dieser seltenen Pferde bei einer Naturkatastrophe zu verlieren, wurden sie in zwei Herden aufgeteilt. Zwanzig wurden in die Kiger-Herd-Management Area entlassen, sieben andere in die Riddle-Mountain-Herd-Management-Area.

Der wichtigste damals wieder freigelassene Hengst war Mesteno. Auch er, wie Spirit, eine umwerfende Schönheit und mit einer natürlichen Autorität ausgestattet, die es ihm ermöglichte, zum inoffiziellen Leithengst aller Mustangs in der Kiger-Herd-Management-Area zu werden. Niemand, der ihn je gesehen hat, so sagen die Leute in Oregon, kann das bezweifeln oder ihn vergessen. Mesteno wurde zur lebenden Legende. In der Tat war es so, dass jede andere Herde wich, wo Mestenos Herde erschien. Josh Warburton, ehemaliger District Manager des BLM von Burns, Ost-Oregon, hat Mesteno und seine Herde viele Jahre lang beobachtet. An den Wasserstellen, so berichtet er, gab es nie eine Diskussion darüber, wer die ersten Rechte hatte. Mesteno war der uneingeschränkte Herrscher der Berge. Er hatte eine große Herde, aber in seinen besten Jahren kam nie ein anderer Hengst auch nur auf die Idee, einen Versuch zu unternehmen, ihm eine Stute wegzunehmen. Das änderte sich, als er älter wurde. 1996 wurde er, fast 28 Jahre alt, von Josh Warburton zuletzt lebend gesehen. Zu diesem Zeitpunkt durchstreifte er die Berge bereits alleine, denn er hatte seine Herde an einen jüngeren Hengst verloren. Josh hat diesen Kampf beobachtet. Er war kurz und heftig. Nachdem der fremde Hengst Mesteno zu Boden gerungen hatte, ließ er sofort von ihm ab. Mesteno stand nur langsam wieder auf und machte auch seinerseits keine Anzeichen mehr, den Kampf fortzusetzen. Satt dessen schüttelte er sich den Staub aus dem Fell, drehte langsam ab, überließ seinem Bezwinger die Herde und verschwand in den Hügeln.

Mesteno hatte sein Leben lang nur eine Leitstute, Palasandra. Sie entwickelte eine außergewöhnliche Loyalität zu Mesteno und unterstützte ihn sogar bei seinen Kämpfen gegen fremde Hengste, als er älter wurde. Offenbar hat sie sich ebenfalls von der Herde getrennt, nachdem Mesteno sie verlassen musste. Jedenfalls wird berichtet, dass sie mit einer eigenen kleinen Herde tief im Schutzgebiet lebt, wo sie kaum jemals aufzuspüren ist.
Einer der Söhne von Mesteno und Palasandra war Rojo. Als er zwei Jahre alt wurde, vertrieb Mesteno ihn, tolerierte ihn jedoch, solange er auf Distanz zur Herde blieb. Er und seine Mutter Palasandra waren sehr eng verbunden. Während er der Herde monatelang folgte, verging kein Tag, an dem sie sich nicht durch langes Wiehern verständigt hätten. Aber Mesteno vereitelte jeden auch noch so zaghaften Versuch einer erneuten Annäherung.

Schließlich fand Rojo seine erste Stute, die er jedoch bereits im Frühjahr bei einem Round-up wieder verlor. Er suchte sich neue Stuten. Diesmal fand er Luna, die seine Leitstute werden sollte. Mit ihr zeugte er mindestens drei Fohlen, bis er bei dem Angriff eines Pumas so schwer an der Hinterhand verletzt wurde, dass er sechs Monate lang in der Nähe eines Wasserlochs zubringen musste, um zu überleben. Rojo verlor seine Herde und hat sich niemals mehr von der Attacke erholt. Fortan lahmte er. Für ein Leben in der Wildnis war er nicht mehr stark genug. Eine Zeitlang durchstreifte er die Berge alleine, bis er eines Tages von einer Gruppe junger Hengste aufgenommen wurde, die ihn seitdem, trotz ständig wechselnder Zusammensetzung, gegen alle Feinde verteidigen. Warum, kann niemand sagen. Ein bewegungsbehindertes Pferd ist für eine Herde immer ein Handycap. Vielleicht schätzen sie die ihm vererbte Führungserfahrung, vielleicht bringt er ihnen Orientierung, vielleicht wollen sie aber einfach nur helfen.
Heute ist der Hengst Sombra das herausragende Tier in den Bergen der Kiger. Er führt die größte Herde an, in der auch einige von Mestenos ehemaligen Stuten leben. Insgesamt sollen es 75 Kiger-Mustangs in den beiden HMAs sein. Wie bekannt, reicht diese Größe auf die Dauer nicht aus, um ihr Überleben zu sichern. Trotzdem werden weiterhin Round-ups durchgeführt.

Mesteno war schon zu Lebzeiten eine Legende und uneingeschränkter Herrscher de
Berge. Er inspirierte die harten Cowboys ebenso wie Dichter und Maler.

Staat:	*Nord-Dakota*
Anzahl:	*unbekannt*
Größe:	*140–150 cm*
Rasse:	*Spanish Mustang, Native Strain*
Klima:	*lange kalte Winter, kurze heiße Sommer*

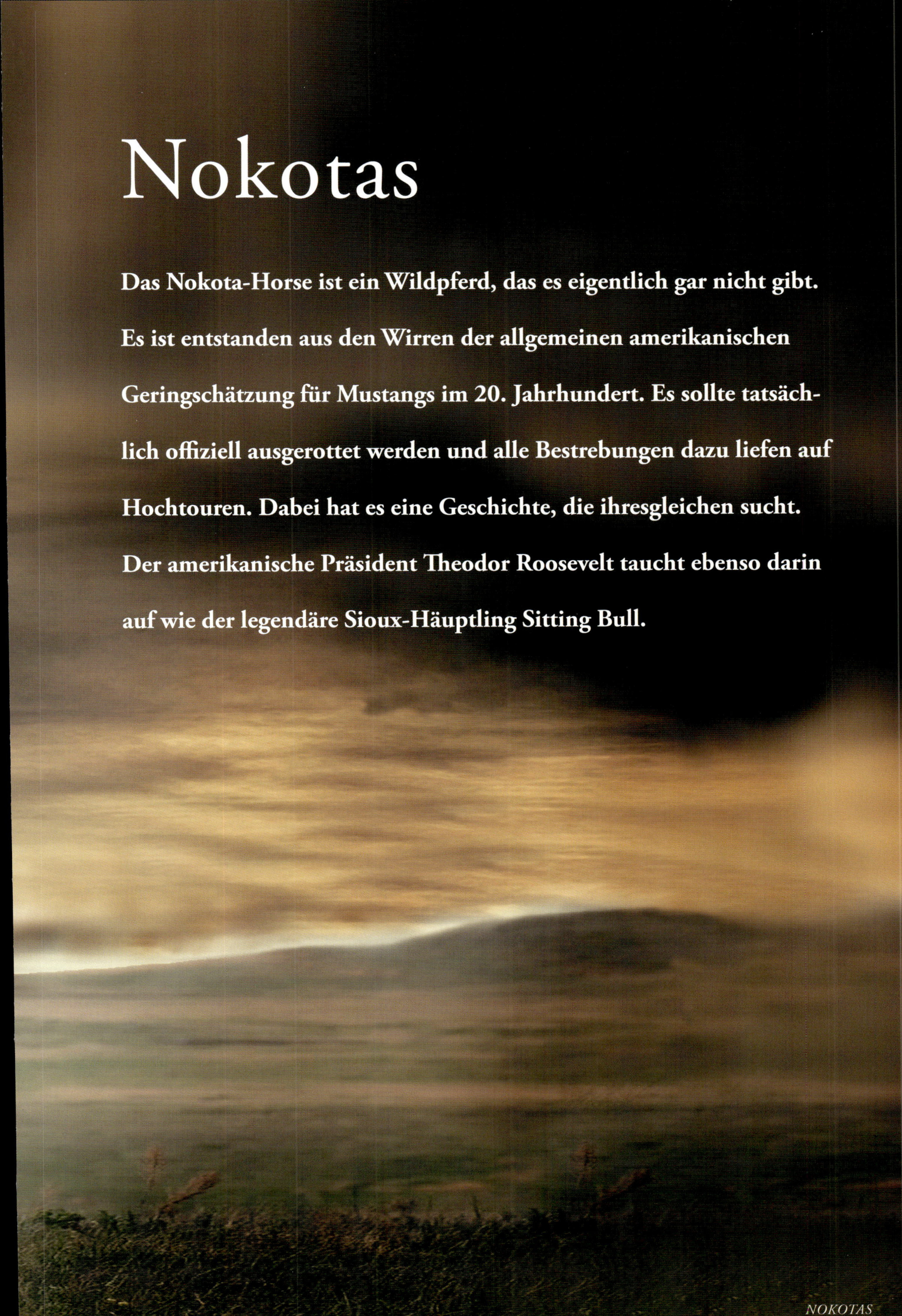

Nokotas

Das Nokota-Horse ist ein Wildpferd, das es eigentlich gar nicht gibt. Es ist entstanden aus den Wirren der allgemeinen amerikanischen Geringschätzung für Mustangs im 20. Jahrhundert. Es sollte tatsächlich offiziell ausgerottet werden und alle Bestrebungen dazu liefen auf Hochtouren. Dabei hat es eine Geschichte, die ihresgleichen sucht. Der amerikanische Präsident Theodor Roosevelt taucht ebenso darin auf wie der legendäre Sioux-Häuptling Sitting Bull.

Das Nokota-Horse

Und nur den Anstrengungen einiger weniger Menschen haben wir es zu verdanken, dass die Pferde und ihre Geschichte gerettet wurden.
Allen voran müssen die Brüder Leo und Frank Kuntz genannt werden. Die beiden Rancher aus Nord-Dakota begannen in den 80er Jahren des vorigen Jahrhunderts, Nokota-Pferde vom National-Park-Service (NPS) zu kaufen, die im Theodor-Roosevelt-National-Park als unerwünscht galten und deshalb in großer Zahl eingefangen und an Schlachthäuser verkauft wurden. Die Brüder hatten bereits einige der als »Parkies« verschrienen Tiere im Besitz und waren von deren Eigenschaften und Charakter begeistert. Sie hatten außerdem festgestellt, dass die Wildpferde starken spanischen Einschlag hatten und betrachteten sie als eine Spezies mit hohem historischen Wert, die es zu erhalten galt. Selbst zu dieser Zeit, als in den USA bereits der »Wild Horse Annie Act« und der »Wild Free Roaming Mustang and Burro Act von 1971« verabschiedet war, schien sich niemand für die Nokotas zu interessieren. Das mag unter anderem daran gelegen haben, dass sie durch keins der angeführten Gesetze geschützt wurden, denn sie unterlagen nicht der Bundesgesetzgebung, sondern der Parkverwaltung, die sich immer erfolgreich dagegen gewehrt hatte, diese Gesetze in ihren Parks anwenden zu müssen. Sie hatte jahrzehntelang nur das eine Ziel: die Pferde loszuwerden.

Erst durch die selbstlose Arbeit der Kuntz-Brüder und einigen ihrer Freunde wurde langsam in der Öffentlichkeit klar, welchen historischen und züchterischen Wert die Nokotas wirklich hatten. Die Anthropologin Castle Mclaughlin recherchierte von 1987 bis 1989 intensiv die Geschichte der Pferde, über die bis dahin kaum etwas bekannt war. Ihre Arbeit mündete in einem ausführlichen Bericht an die Parkverwaltung und öffnete so manchem die Augen für den Schatz, der vor ihrer Haustür so lange unbeachtet geblieben war.

De facto sind die Nokotas die Nachfahren der letzten Wildpferde Nord-Dakotas. Man kann mit Sicherheit behaupten, dass es sie nicht mehr gäbe, wäre nicht eine oder mehrere Gruppen bei der Errichtung des Theodor-Roosevelt-Parks in den 50er Jahren zufällig mit eingezäunt worden. Außerhalb des Parks haben keine die Ausrottungsaktionen der 40er und 50er Jahre überlebt.

Zufällig überlebt: Die Ausrottung der Nokotas war bereits beschlossene Sache, als eine kleine Gruppe bei der Gründung des Theodor-Roosevelt-Parks in Nord-Dakota mit eingezäunt wurde. Außerhalb des Zauns gab es keine Überlebenden.

Wild wie das Feuer und schnell wie der Wind.

A. L. Gordon

Die Nachfahren von Sitting Bulls Kriegspferden sind stämmig, wachsam und intelligent. Die harten Winter verlangen ihnen viel ab. Spanisches Blut mischte sich mit bretonischem, kanadische Gebrauchspferde wurden mit Indianer-Ponys gekreuzt. Die Geschichte der Nokotas ist bunt.

Sitting Bull errang auf den Vorfahren dieser Pferde den legendären Sieg gegen General Custer. Der Triumph hat weder den Indianern noch den Mustangs geholfen. Wenige Jahre später mussten sich die einen ergeben, die anderen wurden verkauft oder erschossen.

Den Kuntz-Brüdern ist es zu verdanken, dass es noch Nokotas gibt. Sie kauften die eingefangenen Parkpferde auf, um sie vor dem Schlachthaus zu retten.

Dabei spiegeln sie wie kein anderes Tier die bewegte Geschichte des Landes wider. Nord-Dakota war im frühen 19. Jahrhundert eine Drehscheibe des Handels – nicht nur für Pferde – sowohl zwischen den Indianerstämmen als auch für die französischen und englischen Pelzhändler aus Kanada. Die Shoshone, Pawnee und Arikara Indianer hatten Pferde spanischen Ursprungs aus dem Südwesten gebracht. Die Sioux und Crow Indianer bauten auf dieser Grundlage große Herden auf. Etwa Mitte des 19. Jahrhunderts kam aus Kanada das »Canadian Horse« dazu und wurde eingekreuzt. Es stammte ursprünglich von den französischen Bretonen und Normandiepferden ab, war aber mit Warmblütern zu einer Gebrauchsrasse gezüchtet worden. Das »Canadian Horse« hatte großen Einfluss auf die weitere Entwicklung der Pferdezucht in Nord-Dakota. Wie fast überall im Westen war die Welt auch in Nord-Dakota bis in die 70er Jahre des 19. Jahrhunderts einigermaßen in Ordnung. Dann breitete sich die Rindfleischindustrie in rasantem Tempo aus. Man brauchte Weideland für immer mehr Rinder. Dem mussten zunächst die Bisons und dann die Indianer weichen. General Custer und seine Siebte Kavallerie erlangte in diesem Zusammenhang traurige Berühmtheit und wurde schließlich von den vereinigten Indianerstämmen unter der Führung von Sitting Bull im Jahre 1876 am Little Bighorn in Nord-Dakota vernichtend geschlagen. Sitting Bull musste sich anschließend nach Kanada zurückziehen. Geholfen hat das alles wenig. Nur fünf Jahre später waren fast alle Sioux und Cheyenne vertrieben und in Reservationen gepfercht. Wieder erschoss die Armee anschließend alle Indianerponys, die sich nicht verkaufen ließen. Auch Sitting Bull musste sich schließlich ergeben und streckte seine Waffen im Jahr 1881 in Fort Buford in Nord-Dakota. Auch seine Pferde wurden zu Spottpreisen verkauft, da sie damals mit ihrer Vielfarbigkeit, ihrer geringen Größe und für weiße Begriffe ungehobelten Verhalten keine Freunde fanden.

Eine Ausnahme machte der französische Adlige Marquis de Morès. Er war einer der Pioniere in Nord-Dakota gewesen und ein exzellenter Pferdekenner. Er erkannte die Qualitäten der Indianerponys und ihren starken Anteil spanischen Blutes und kaufte 250 der ehemaligen Sioux-Pferde. Möglich, dass Sitting Bulls Kriegspferd darunter war. De Morès war ein erfolgreicher Geschäftsmann. Auf ihn geht sogar die Gründung der Stadt Medora in Nord-Dakota zurück. Aber schließlich warf er nach dem extrem harten Winter von 1886/87 das Handtuch und kehrte nach Frankreich zurück. Der Marquis wurde Jahre später in der afrikanischen Sahara während einer diplomatischen Mission bei den Tuareg getötet.

Erhalten ist ein Photo, das seine Frau mit einem der Indianerponys zeigt, die er weiter züchtete. Das Pferd hat das gleiche Äußere wie die Pferde, die bei den Round-ups in den 80er Jahren im Roosevelt Park gefangen wurden. Ganz offensichtlich konnte die Herde ihre Identität über mehr als hundert Jahre erhalten.

Deutlich ist hier der Kaltbluteinschlag zu erkennen. Die Stärke der Nokotas ist legendär. Ihr freundliches Wesen hat ihnen zu großer Beliebtheit verholfen.

1884 verkaufte de Morès 60 seiner Pferde an den Großrancher A. C. Huidekoper, der sie wiederum mit anderen stämmigeren Pferden kreuzte und das »American Horse« kreierte.
Danach wurde es ruhig um die Nokotas in Nord-Dakota. Mit dem Ende der »Open ranges« wurde es aber immer schwieriger für die Wildpferde, zu überleben. Zäune durchzogen das Land, die Farmer züchteten ihre eigenen Pferde und die Reste der Mustangs verblieben in den Badlands. Nach der großen Depression in den 30er Jahren übernahm die Bundesregierung die Kontrolle über die Mustangs und ihr Ziel war eindeutig ihre Ausrottung. Große Round-ups wurden abgehalten und die Tiere aus kleinen Maschinen aus der Luft abgeschossen. 1960 hatten die letzten Wildpferde in Nord-Dakota nur im Theodor-Roosevelt-Park überlebt – und das war so nicht geplant gewesen.
Die neue zuständige Behörde, der National-Park-Service, setzte die Ausrottungspolitik ihrer Vorgänger unbeirrt fort. Die Vision war ein pferdefreier Park. Zum Teil wurden die Mustangs den Löwen und Tigern in einem nahen Zoo als Futter vorgeworfen. Erst als sich in den 70ern die öffentliche Meinung langsam änderte, überdachte auch die Parkverwaltung ihre Strategie und tolerierte fortan eine begrenzte Anzahl Pferde als eine »historische Demonstrationsherde«. Was nicht bedeutet, dass sie sich nun plötzlich dem Schutz der Mustangs verschrieben hätten. Die wurden weiter eingefangen und die Hengste systematisch durch fremdes Blut ersetzt. Ein Araber-Hengst, ein Quarter-Horse-Hengst, ein Shire Horse sowie zwei Hengste aus BLM-Beständen sollten für ein schöneres Aussehen der Mustangs sorgen. Und hier traten die Kuntz-Brüder auf den Plan. Wie bereits erwähnt, begannen sie, die gefangenen Mustangs zu kaufen, um sie vor dem Schlachthaus zu retten und mit ihnen zu züchten. Als Leo Kuntz mit seinem ersten Pferd, dem Wallach »Bad Toe«, durch das südliche Nord-Dakota ritt, wurde er oft von alten Cowboys angesprochen, die wissen wollten, wo er dieses Montana-Horse, dieses Indian-Pony herhabe. Die Pferde hatte ihre Eigenart bewahren können. Im Jahr 1986 waren die Kapazitäten der Kuntz-Brüder erschöpft und sie mussten anfangen, einzelne Pferde zu verkaufen. Die Parkverwaltung konnte durch die immense Arbeit der Brüder, der Recherchen von Castle McLaughlin und mit Hilfe von Dr. Phil Sponenberg vom tatsächlichen Wert der Parkherde überzeugt werden. Das führte jedoch nicht zu einer Bestandsgarantie für die Mustangs. Die Parkverwaltung und die Rancher Medoras wollten nach wie vor lieber Quarter Horses im Park sehen. Heute kann man davon ausgehen, dass es dort keine Mustangs mehr gibt. Der Wechsel ist komplett vollzogen.
1999 gründeten Freunde der Kuntz-Brüder die Nokota-Horse-Conservancy, die sich seitdem bemüht, die Arbeit auf eine breitere Basis zu verteilen. Ihr wichtigstes Ziel ist die Schaffung eines Schutzgebiets für die immer noch relativ geringe Anzahl der reinblütigen Nokotas, damit sie zum ersten Mal seit Hunderten von Jahren wieder in Freiheit und Sicherheit leben können.

Staat:	*Montana/Wyoming*
Anzahl:	*etwa 180*
Größe:	*140–160 cm*
Rasse:	*Spanish Colonial Mustang*
Klima:	*sehr kalte Winter, milde Sommer*

Pryor-Mountain-Herde

Auch die Pryor-Mountain-Mustang-Herde hat ihren Star: Cloud. Der Hengst erlangte Berühmtheit, weil die amerikanische Dokumentarfilmerin Ginger Kathrens ihn von seiner Geburt an mit der Kamera begleitet hat. Sie produzierte bisher zwei Filme: »Cloud – Wild Stallion of the Rockies« und »Cloud's Legacy – The wild Stallion returns«.

Das Pryor-Mountain-Wild-Horse

Ein dritter Teil folgt im Jahr 2009 und trägt den Titel: »Cloud – Challenge of the Stallions«. Die Filme ernteten großes Lob. Auch deutsche Fernsehanstalten brachten sie zu besten Sendezeiten.

Wissenschaftlich ist die Herde gut erforscht. DNA-Analysen wiesen ihre enge Verwandtschaft zu den spanischen Vorfahren zweifellos nach. Photographen, Filmemacher und Wissenschaftler aus aller Welt haben sie beobachtet und doch weiß man über ihre Geschichte nicht sehr viel. Schon im frühen bis mittleren 17. Jahrhundert sollen Wildpferde in den Pryor Mountains gelebt haben. Das jedenfalls berichten die Crow Indianer. Sie oder die Shoshonen sollen es gewesen sein, die die Pferde in den Norden geholt haben. Die jetzigen Herden könnten also Nachfahren der Indianerponys sein. Eine andere Theorie führt die Pferde auf die Lewis und Clark Expedition im frühen 19. Jahrhundert zurück, bei der Sergeant Nathanial Pryor, ein Expeditionsmitglied, eine Reihe von Expeditionspferden in den Pryor Mountains stahl. Vergleiche kann man in Montana nicht ziehen, denn von den acht ehemaligen Gebieten, in denen Mustangs leben, ist nur noch dieses eine übrig geblieben. Aus allen anderen wurden die Mustangs entfernt. Die-Pryor-Mountain-Herde hatte Glück, dass Innenminister Stewart Udall im September 1968, also noch bevor es ein Gesetz zum Schutz der Mustangs gab, das Schutzgebiet an der Grenze zu Wyoming einrichtete. Mit seinen etwa 40.000 Acres ist es nicht sehr groß und umfasst auch nicht das ursprüngliche Weidegebiet der Herde im Custer National Forest und im Demi-John-Flat. Zirka 40 Pferde leben ständig im Custer-National-Forest und viele andere wandern in den Sommermonaten zum Grasen hierher.

Gut erforscht und weltbekannt: Die Pryor-Mountain-Herde erlangte durch Ginger Kathrens Filmdokumentationen internationalen Ruhm.

Die Landschaft in den Rocky Mountains ist atemberaubend.

Von den Pryor Mountains blickt man weit nach Wyoming

Der Bestand der Pryors hat sich in den letzten Jahren erholt.
Nun sollen wieder viele Mustangs eingefangen werden.
Die Cloud Foundation wehrt sich gegen diesen Eingriff

Nur ein einziges Wildpferdgebiet ist in Montana übrig geblieben. Geht es nach dem Willen der Cloud-Foundation, wird das Areal ausgeweitet, um mindestens 200 Mustangs Platz zu bieten.

Ihre Sehnen waren aus Eisen,
ihre Haut aus Samt, mutig wie das Feuer
und schnell wie der Wind.

Der Forest-Service hat wiederholt klargemacht, dass er keine Pferde im National-Forest akzeptieren will und fordert das BLM ständig auf, diese einzufangen. Die Grenzen der Schutzgebiete wurden ähnlich der Kolonialgrenzen ohne Rücksicht auf die historischen Lebensräume der Tiere gezogen. 200 bis 300 Mustangs könnten in den Pryors leben, so Ginger Kathrens, würde das Schutzgebiet entsprechend vergrößert.

So aber plant das BLM ein erneutes Round-up für den August 2009, um die Herde auf 92 Tiere zu reduzieren. Clouds Herde steht auf der Einfangliste. Ginger Kathrens, die Cloud-Foundation und viele Amerikaner haben dagegen Protest erhoben – bisher ohne Erfolg. Allerdings kann man zweifellos von einem hohen Medieninteresse ausgehen, sollte das Round-up stattfinden. Das Ende der Freiheit für Cloud und seine Familie ginge unter Umständen live über die amerikanischen Bildschirme.

Ginger und die Cloud-Foundation fordern eine andere Management-Strategie. Anstelle von Round-ups oder Impfungen wünscht sich die Tierfilmerin einen Stop der Jagd auf Berglöwen, den einzigen wirklichen natürlichen Feinden der Mustangs. Keine Abschusserlaubnis, so Ginger Kathrens, sollte mehr ausgestellt werden. Dann könne sich wieder, wie bereits einmal in den Jahren 2001 bis 2004, ein natürliches Gleichgewicht herstellen. Damals begann sich die Herde zu stabilisieren. Die Zahl der überlebenden Fohlen entsprach in etwa der normalen Todesrate der Herde. Doch dann wurden die meisten Berglöwen erlegt und die Geburtenrate stieg erneut.

Die erklärten Absichten des BLM, im Bedarfsfall frisches Blut aus fremden Herden zuzuführen, widerspricht wissenschaftlichen Ausführungen, die das Erbgut der Herde für unersetzlich erklären. Es gibt nur noch wenige wirklich reinblütige Spanische Pferde in den USA. 1950 war es so gut wie ausgestorben und konnte nur auf Grund von endlosen Bemühungen überzeugter Personen als Rasse bewahrt werden. Und immer noch ist die genetische Basis so klein, dass der Gesamtzustand als kritisch eingestuft wird. In dieser Situation eine der wenigen reinblütigen spanischen Herden zu dezimieren, ist der Sache nicht dienlich und wirft erneut die Frage auf, welche Interessen das BLM verfolgt.

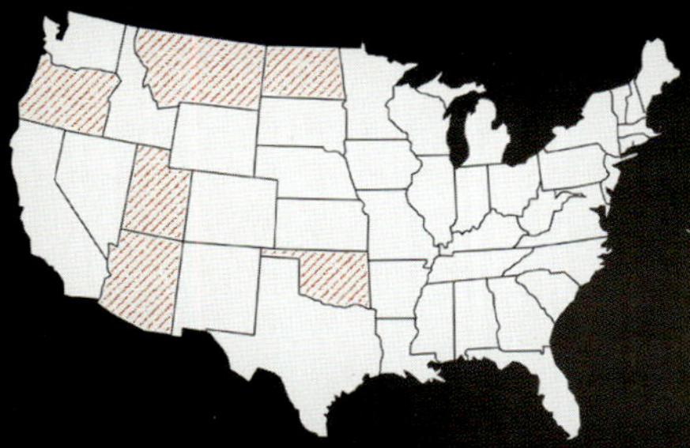

Staat:	*Westen der USA*
Anzahl:	*-*
Größe:	*-*
Rasse:	*wenig reinblütige Tiere*
Klima:	*sehr kalte Winter, milde Sommer*

The Spanish Mustang

Der Spanische Mustang, eine höchst ungenaue und nicht wissenschaftliche Bezeichnung für einen Teil der amerikanischen Wildpferde, soll hier vorgestellt und beschrieben werden. Sein Vorkommen ist auf keine bestimmte Herde oder Gegend beschränkt, aber seine pure Existenz ist von solch herausragender Bedeutung, dass es einer näheren Erklärung bedarf.

Viele Herden wurden stark durchmischt. Ein Zweiunddrei-ßigstel Erbgut aber reicht, um wieder ein Pferd mit reinem Spanischem Erscheinungsbild zu zeugen.

Hengst Sutter ist 27 Jahre alt und lebt auf der Return to Freedom Ranch. Er ist ein Bild von einem Pferd, dem man sein Alter nicht im Geringsten ansieht.

Schau dem Pferd in die Augen,
du siehst seine Seele.
Das Pferd schaut dich an.
Es schenkt dir seine Kraft.

unbekannt

Die Sorraias gelten als die Urväter aller iberischen Rassen, wie den Lusitanos und den Andalusiern, und wurden von dem portugiesischen Paläontologen Dr. Ruy d'Andrade Anfang des 20. Jahrhunderts in der Flusswildnis des Sorraia Flusses entdeckt. Daher stammt auch der Name. Dr. d'Andrade kam schnell zu dem Schluss, dass es sich hier nicht nur um ein paar Wildpferde handelte, sondern um die Stammväter und -mütter des iberischen Pferdes. Er wählte elf der Pferde aus und begann mit ihnen eine Weiterzüchtung auf eigenen Ländereien. Etwa 150 bis 200 reinblütige Sorraias leben heute in verschiedenen kleinen Herden, die meisten davon in Privatbesitz.

Hardy Oelke wusste um die gefährdete Art der Sorraias und sah in den wieder entdeckten amerikanischen Nachfahren eine einmalige Gelegenheit, den von Inzucht bedrohten europäischen Genpool aufzufrischen.

Andere europäische Experten wie Jose Luis d'Andrade und Dr. Klaus Zeeb stimmten ihm zu und sahen so wie er eine große Übereinstimmung im Erscheinungsbild der Pferde. Inzwischen wurde ein Sorraia-Mustang-Studbook (SMS) ins Leben gerufen, um möglichst viele Daten über Mustangs zu sammeln, die ein Sorraia-Erscheinungsbild aufweisen und deren Erbgut zu sichern.

Aus wissenschaftlicher Sicht war das Abschlachten dieser Pferde im vergangenen Jahrhundert eine einzige Katastrophe. Unwiederbringlich wurde dabei der Großteil eines Genpools zerstört, von dem man sehr viel über die ursprünglichen europäischen Wildpferdrassen hätte lernen können. Eine vom Aussterben bedrohte Rasse hätte vielleicht auf diese Weise erhalten werden können. Ignoranz und Gier auf der einen und fehlende interdisziplinäre Forschung auf der anderen Seite führten die Sorraia-Nachfahren an den Rand der Ausrottung.

Auch das weiter verbreitete spanische Blut war, wie oben erwähnt, durch die Ignoranz und Gleichgültigkeit gegenüber den Mustangs extrem bedroht. Mustanghengste wurden erschossen, um sie durch Warm- oder Vollblüter zu ersetzen, wenn überhaupt gezüchtet wurde. Bob Brislawn war einer der ersten, der den Wert der Spanischen Mustangs erkannte und 1957 die »Spanish-Mustang-Registry« gründete. Viele seiner Pferde bekam er von Monte Holbrook und seiner Familie, einem in Utah lebenden Apache Indianer. Aus Brislawns Zucht entstammen viele der später zur Weiterzucht Spanischer Mustangs verwendeten Hengste und Stuten.

Immer noch findet man vereinzelt Mustangs mit hohem Spanischen Blut in Utah, vor allem in der Sulphur-Herde. Die bereits vorgestellte Cerbat-Mountain-Herde aus Arizona sowie die Pryor-Mountain-Herde oder die Kiger-Mustang-Herde sind weitere Quellen. Prinzipiell könnte man in jeder Mustang-Herde Pferde spanischen Ursprungs finden, durch die ständige Einkreuzung anderer Rassen sind sie jedoch sehr selten geworden. In Spanien und Portugal selbst findet man das originale Spanische Pferd aus dem 16. Jahrhundert nicht mehr, da es seitdem mit anderen Rassen vermischt wurde.

Einige Mustangs haben große Ähnlichkeiten mit den portugiesischen Sorraias. Fachleute sehen hier Chancen, den Genpool zu vergrößern.

Staat:	*Utah*
Anzahl:	*135–180*
Größe:	*140–150 cm*
Rasse:	*Spanish Colonial Mustang*
Klima:	*kalte Winter, milde Sommer*

Sulphur-Mustang

Die Sulphur-Spring-Herde ist, da sind sich die Experten einig, die spanischste aller Mustangherden in den USA. In einem von Dr. E. Gus Cothran von der University of Kentucky verfassten Gutachten kommt er zu dem Schluss, dass »... von allen Pferden, die ich jemals getestet habe, die Sulphur-Pferde die größte Ähnlichkeit mit dem Spanischen Typ aufweisen ...«.

Die Sulphur-Spring-Herde

Aus dieser Erkenntnis wurden viele Konsequenzen gezogen. Die wichtigste war, die Herde nicht mit fremden Blut zu durchmischen, wie das häufig der Fall ist, wenn die Größe einer Herde unter ein genetisch kritisches Niveau fällt. Glaubt man den Erzählungen und Berichten von Kennern der Herde, wäre ein solches Vorhaben ohnehin zum Scheitern verurteilt. Die Sulphur-Mustangs akzeptieren keine fremden Pferde.

Es gab zahlreiche Versuche lokaler Rancher, der Herde größere und stärkere Hengste beizumischen, um das Aussehen der Pferde zu »verbessern«. Es hat nicht funktioniert. Es wird erzählt, fremde Hengste würden von den Sulphur-Leithengsten konsequent getötet. Eine vierköpfige Gruppe von Pryor-Mountain-Mustangs, die vor Jahren den Sulphurs beigemischt werden sollte, konnte sich nicht in die Herde integrieren. Sie blieben, so lange das BLM sie beobachten konnte, für sich. Außerdem lebt die Sulphur-Herde in einer extrem schwer zugänglichen und felsigen Gegend mit extremen Wetterbedingungen, wo andere Pferde, besonders wenn sie aus domestizierten Beständen kommen, kaum eine Überlebenschance haben. Allein ihre Hufe halten die Felsen nicht aus. Sulphurs scheinen Hufe aus Stahl zu haben.

So haben sich die Bestände mit domestizierten Einflüssen in den Tälern angesiedelt und waren damit für den Abschlachtungswahn in der ersten Hälfte des vorigen Jahrhunderts leichte Opfer. Drei- bis viertausend Mustangs sollen in der Gegend gelebt haben. Die heutige Herdenstärke variiert zwischen 135 und 180 Pferden. Die echte Sulphur-Herde in den Bergen hingegen war auch für erfahrene »Mustanger« nur schwer zu finden und erst recht einzufangen. Sie schienen klüger zu sein als die Pferde im Tal und waren bei wirklichen Pferdekennern deshalb auch begehrter.

Sulphur-Spring-Pferde aus den Bergen von Utah gelten als besonders intelligent und waren deshalb schon immer bei Pferdekennern sehr beliebt. Auch ihre Ausdauer und Zähigkeit tragen zu ihrem guten Ruf bei.

*Die Stute zog heimwärts geschwind
wie eine Schwalbe, sanft und elegant,
ich hatte eine solche Anmut nie
zuvor gesehen oder gar erträumt.*

Richard Doddrigde Blackmore

Oft wurden selbst bei den späteren Round-ups, bei denen Helikopter zum Einsatz kamen, nur vier oder fünf Pferde am Tag gefangen, manchmal keine. Bis vor kurzem gab es Menschen, die der Überzeugung waren, es gäbe dort oben in den Bergen Sulphur-Mustangs, die noch kein Mensch jemals zu sehen bekommen hat. Bei dem unwegsamen Gelände und dem dichten Baumbestand ist das zumindest nicht völlig auszuschließen.

Fanden Auktionen statt, musste regelmäßig das Los entscheiden. Dabei wurden die Namen der Bieter auf Zettel geschrieben und in einen Eimer geworfen. Wer zuerst gezogen wurde, konnte frei entscheiden und die Nummer des Pferdes, das er haben wollte, laut in die Runde rufen. Erfahrene Bieter nahmen deshalb immer Freunde und Familie mit, um ihre Chancen bei der Auktion zu erhöhen.

So erging es auch Ron Roubidoux, einem Sulphur-Enthusiasten aus Utah. Er hatte von einem Hengst gehört, den das BLM eingefangen hatte. »The blue stallion« wurde er genannt, bekam die Nummer 596 und war eigentlich für die Adoption vorgesehen. Aber die BLM-Leute in Utah fanden, dass der Hengst für eine Adoption zu schade war und ließen ihn wieder frei. Seine Stute, ihr Fohlen und ein Jährling hatten weniger Glück und kamen auf die Auktion. Der Zettel mit Roubidoux Namen wurde als Erster aus dem Eimer gezogen. Damit hatte er den Jährling. Acht Runden weiter machte der Freund seiner Tochter das Rennen und nahm die Stute mit dem Fohlen. (Aus »Wild Horses of Utah's Mountain Home Range«, Western Horseman Article, Ron Roubidoux)

Später wurde 596 wohl wieder eingefangen, aber zusammen mit ein paar Stuten gelang ihm die Flucht. Seitdem wurde er nicht mehr gesehen. Manchmal fand man bei den Auktionen auch Pferde, denen ein Stück vom Ohr fehlte. Sie waren meist jungen Männern in die Hände gefallen, die immer das langsamste Pferd einer Gruppe fingen und als Trophäe ein Stück vom Ohr mitnahmen. Solche Praxis war nicht wirklich verbreitet und illegal, kam aber vor.

Ron Roubidoux hat sich eine kleine Herde Sulphur-Mustangs zugelegt, mit denen er weiter züchtet und die zwar in Unfreiheit, aber immerhin in Sicherheit leben können. Andere Mustangs erleiden nach der Adoption auch schlimme Schicksale. Manche können sich nicht beruhigen und brechen sich das Genick beim Versuch, aus einem Corral zu entkommen. Andere vegetieren alleine vor sich hin, verlieren ihren Lebensmut und landen beim Schlachter oder werden einfach krank und sterben. Es wird von eingefangenen Mustangs erzählt, die sich vor lauter Gram hinlegen und nicht mehr aufstehen wollen. Dabei geben sie klagende und wimmernde Geräusche von sich.

Die Sulphur-Herd-Management-Area ist etwa 143.000 Acres groß, ist weitgehend nicht eingezäunt und umfasst die gesamte Needle-Range. Einheimische unterscheiden dabei noch zwischen der Mountain-Home-Range im Norden und der Indian-Peak-Range im Süden. Das Gebiet hat weite trockene Hochtäler, die über höher liegendes saftiges Grasland schließlich in dichte Pinien- und Juniper-Wälder übergehen. Es gibt viele schroffe Canyons, die ein Weiterkommen verhindern und die deshalb dem Überleben der Mustangs zu Gute kamen. Das Gebiet ist reich an Wasser, was die Frage beantwortet, warum sich die entlaufenen Spanischen Pferde ausgerechnet hier niederließen.

Eine andere, bislang unbeantwortete Frage lautet, wo der Ursprung der Sulphur-Herde zu suchen ist und seit wann sie in den Bergen Utahs lebt. Erste Berichte von Pferden in der Gegend stammen zwar aus dem Jahr 1776, aber es bleibt unklar, ob dort auch von Wildpferden die Rede ist. Man weiß, dass bereits früher spanische Expeditionen nach Utah stattfanden. Die erste datiert von 1565. Es folgten andere in den Jahren 1604 bis 1669. Im 18. Jahrhundert setzte sich die Erkundung mit vier weiteren Expeditionen fort. Solche Expeditionen wurden natürlich zu Pferd durchgeführt und bei jeder dieser Gelegenheiten könnten entlaufene Pferde den Grundstock für die heutige Sulphur-Herde gebildet haben.
Die Pferde könnten von den Indianerherden der Ute stammen, aber ebenso gut Nachfahren entlaufener Spanischer Pferde sein, die über den Old-Spanish-Trail zwischen 1830 und 1850 von Südkalifornien nach New Mexiko getrieben wurden. Große Herden, deren Zahl in die Tausende ging, wurden zu dieser Zeit über den Trail getrieben. Manche gehörten Pferdehändlern, andere den Viehdieben. Niemand aber konnte sie komplett zusammenhalten. Bei jedem Trieb gab es natürliche Verluste. Und der Trail führte durch die Escalante Wüste im Süden der Mountain-Home-Range. Der bekannteste Pferdedieb der Gegend war der Ute Häuptling Walkara, ein skrupelloser Indianer, der mehrere Sprachen fließend sprach und der auch vor dem Handel mit Sklaven nicht zurückschreckte. Im Jahr 1840 erbeutete er 3000 Pferde von den reichen Ranches in Südkalifornien und trieb sie nach Utah. Einen Teil der Pferde konnten die Kalifornier zurückerobern, aber fast 2000 Stück machten ihren Weg über Utah nach Santa Fe. Chief Walkara stahl nur die besten Spanischen Pferde aus den besten Gestüten. Wären die Sulphurs deren Nachkommen, würde sich daraus ihre außergewöhnliche Qualität erklären lassen. Da es keine originalen südkalifornischen Pferde mehr gibt, kann man heute keine Vergleiche mehr anstellen. In Gefangenschaft jedenfalls zeigen sie auch in den Folgegenerationen das typische Wildpferdverhalten. Sie sind äußerst konzentriert und wachsam, beim leisesten Geräusch recken sie ihre Köpfe in die Höhe und lassen ihre langen Ohren spielen. Ohren übrigens, die beim Mustang länger sind als bei domestizierten Pferden.

Gestohlene Pferde aus Kalifornien könnten die Vorfahren der Sulphur-Spring-Herde sein. Auch entlaufene Tiere spanischer Expeditionen kommen als Ursprung in Frage. Sicher ist man sich nicht.

Staat:	*Arizona*
Anzahl:	*ursprünglich 77, durch private Zucht angestiegen*
Größe:	*135–145 cm*
Rasse:	*Spanish Colonial Horse, Ranch Strain*
Klima:	*kalte Winter, heiße Sommer*

Wilbur-Cruce

Im späten 16. Jahrhundert brachte der Jesuitenpriester Eusebio Kino die ersten spanischen Pferde nach Primera Alta, einer Gegend, die heute dem südlichen Arizona und nördlichen Mexiko entspricht. Er baute seine Mission »Mission Dolores« im Miguel River Valley, etwa 25 Meilen östlich des heutigen Magdalena. Von dort stammt die Wilbur-Cruce-Herde.

Kaum jemand wusste von den »Rock-Horses«, die auf der Wilbur-Cruce-Farm in den Bergen Arizonas ein verstecktes Dasein führten.

Die Wilbur-Cruce-Herde

Der Pferdehändler Juan Sepulveda trieb in den 70er Jahren des 19. Jahrhunderts eine große Pferdeherde von Mission Dolores Richtung Norden. Sein Plan war, sie in Kansas City zu verkaufen. Bei seinem ersten Stop auf der Ranch von Dr. Rueben Wilbur im Arivaca District verkaufte er diesem eine sogenannte Manada, eine kleine Herde, auf der man seine Züchtung aufbauen konnte. Es waren 25 Stuten und ein Hengst. Dr. Wilbur hatte kein Interesse an einer regulären Pferdezucht, wie sie damals überall betrieben wurde. Ihm lag daran, die Besonderheiten der Spanischen Pferde zu bewahren. Sie schienen ihm hervorragend geeignet für das Leben in den trockenen und heißen Bergen seiner Ranch, und dorthin brachte er sie und ließ der Natur ihren Lauf. Über 113 Jahre lang pflegten Dr. Wilbur und seine Nachkommen die Herde. Sie nannten sie »Rock Horses« und sorgten dafür, dass sich kein fremdes Blut beimischen konnte. Nur ab und zu entnahmen sie der Herde ein Pferd, um es für die Rancharbeit zu nutzen. Ansonsten griffen sie in das Leben der Pferde nicht ein.

1930 übernahm Eva Antonia Wilbur-Cruce die Ranch von ihrem verstorbenen Vater. Sie setzte seine Arbeit und sein Bemühen um die kleinen Wildpferde unbeirrt fort. Nur wenige Menschen achteten zu dieser Zeit die Vorzüge der Wildpferde. Wilbur-Cruce hatte hart zu kämpfen. Mehr als einmal stand die Herde vor der Ausrottung. Eifersüchtige Nachbarn taten sich zusammen und erschossen die Mustangs, um die Rancherin zur Aufgabe zu zwingen und mehr Platz für ihre Rinder zu bekommen. Gläubiger verlangten die Herausgabe der Herde, um damit ausstehende Zahlungen zu begleichen. 1989 veröffentlichte sie ein Buch mit dem Titel »A Beautiful, Cruel Country«, in dem sie das harte Leben im Süden Arizonas und die Pferde beschrieb, die dieses Leben mit den Menschen teilten.

»Die Spanischen Pferde waren schnell, intelligent und hatten Ausdauer. Und so merkwürdig es sich anhören mag, sie hatten Gefühle ... Die Spanischen Pferde waren wie gemacht für dieses Land und waren wie das Land selbst robust und schön ... Es war beeindruckend eins dieser 800 Pfund schweren Pferde unter einem 200-Pfund-Mann mit einem schweren Westernsattel und einem 1000 Pfund schweren Bullen am Ende des Lassos zu beobachten.«

(Aus: »A Beautiful Cruel Country«, Wilbur-Cruce, University of Arizona Press, 1989)

1990 musste Eva Antonia Wilbur-Cruce die Ranch aus Altersgründen aufgeben und verkaufte sie an die »Nature Conservancy«. Diese beschloss, dass die Herde nicht auf dem Land bleiben könne und umgesiedelt werden müsse. Die American-Livestock-Breed-Conservancy erkannte den Wert der seltenen Pferde und beauftragte Dr. Phil Sponenberg mit dem Fang und der Aufteilung der Herde. 77 Wildpferde wurden in den Bergen gefunden, in kleine Gruppen aufgeteilt und an Züchter weitergegeben.

Ihr Rösser! Hat der Wirbelwind ein Heim in euren Mähnen?

Nikolai Gogol

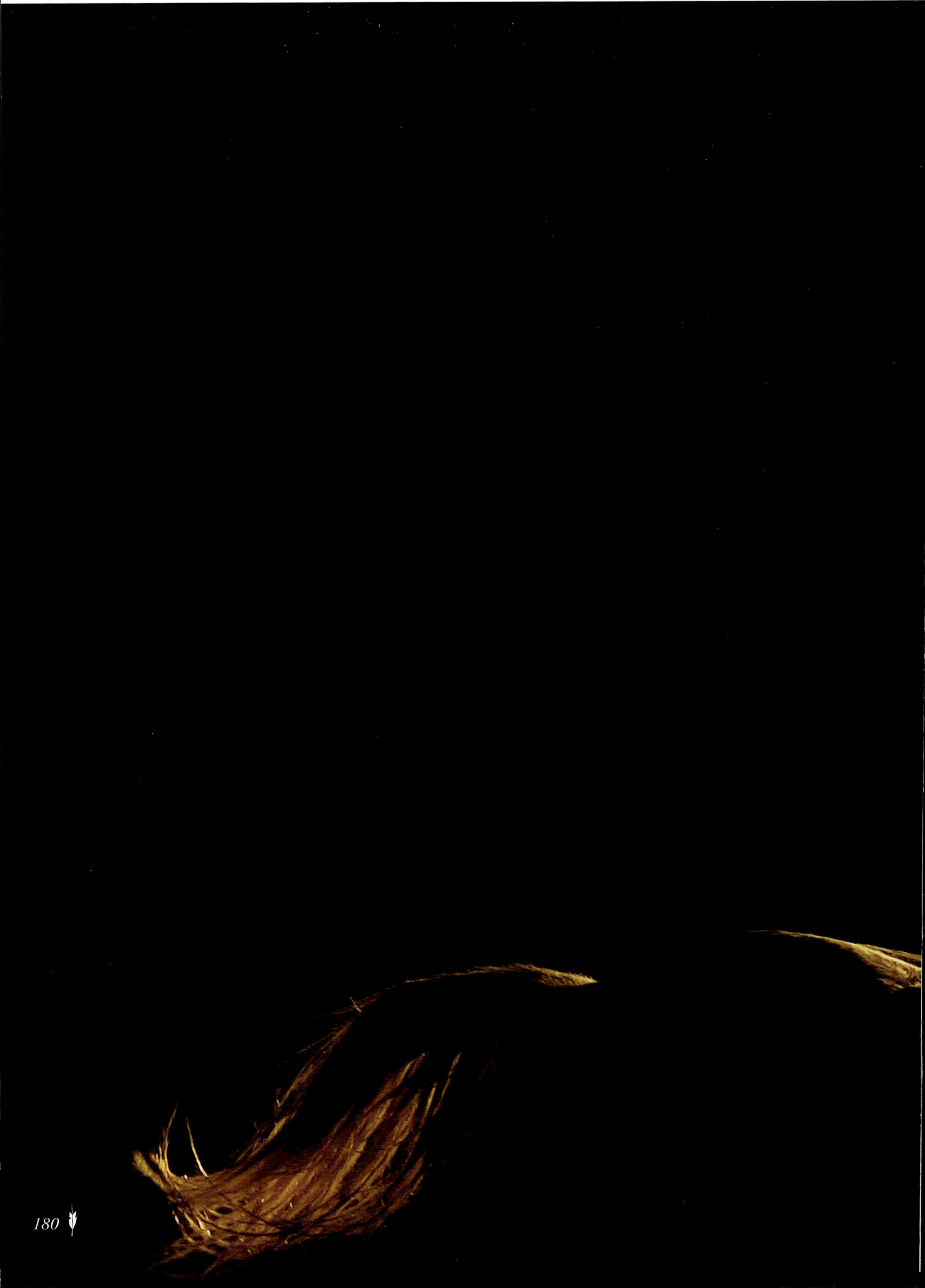

Der letzte Mustang

In den Tagen der Fertigstellung dieses Buches berät das Amerikanische Repräsentantenhaus über die Gesetzesvorlage HR 1018 (ROAM Act). Die Verabschiedung dieses Gesetzes würde die rechtliche Stellung der Mustangs in den USA erheblich verbessern. Zum Beispiel wird darin wieder der Zusammentrieb mit Hilfe von Helikoptern untersagt. Zusammen mit vielen Pferdefreunden in aller Welt hoffe ich, dass das Repräsentantenhaus und später der Senat der Gesetzesvorlage zustimmen werden.

»Wild Free-Roaming Horses und Burros Act«

(Public Law 92-195)

Die rechtliche Grundlage des Lebens und Überlebens der Mustangs bildet der schon mehrfach erwähnte »Wild Free-Roaming Horses und Burros Act« (Public Law 92-195) von 1971. Dieses viermal veränderte Gesetz beschreibt in den wesentlichen Zügen, wie Mustangs und Wildesel auf öffentlichem Land (public lands) behandelt werden sollen. Bei aller grundlegenden Zustimmung, die das Gesetz auch unter den Tierschutzorganisationen bekommen hat, bleiben zwei Merkmale beachtenswert: Der Großteil der Ausführungen beschreibt, wie und unter welchen Umständen Mustangs eingefangen, verkauft oder getötet werden können. Diese Teile stammen weitgehend aus den 1976 bis 2005 vorgenommenen Änderungen. Zweitens fallen Formulierungen ins Auge, mit denen die Rechte der Mustangs gesetzlich eingeschränkt oder interpretierbar gemacht werden. Paragraph 1332 sagt zum Beispiel, dass die festgelegten Gebiete, auf denen Mustangs leben, »... prinzipiell aber nicht ausschließlich zum Wohl der Wildpferde genutzt werden sollen und dass alle Maßnahmen das Mehrfachnutzungskonzept des Landes nicht beeinträchtigen dürfen.« Mit dieser Formulierung wurde weder den Mustangs noch der zuständigen Behörde, dem Bureau of Landmanagement, ein Gefallen getan.

Sie lässt viel Spielraum zu, der in Vergangenheit immer zum Nachteil der Pferde genutzt wurde. Das alles wird begründet mit der Notwendigkeit, das ökologische Gleichgewicht der Lebensräume in Takt zu halten. Übersehen wird dabei, dass dieses Gleichgewicht nicht von den Pferden, sondern von den Menschen gestört wurde. Die Pferde aber müssen die Rechnung zahlen, denn es ist allgemeine Praxis, dass bei Konkurrenz um Wasser oder Futter, die Mustangs zu weichen haben. Die Grundlagen für solche Praxis liegen im Gesetz 92-195, die Ursachen jedoch sind fast ausschließlich wirtschaftlicher Natur und reichen weit zurück.

Seit 1905 gibt es die subventionierte Viehhaltung auf öffentlichem Land. 1934 wurde der Taylor Grazing Act verabschiedet. Zur Umsetzung und Kontrolle des Gesetzes schuf man die »Division of Grazing«, die dem Innenminister unterstellt war. Politisch wurde die Abteilung von den großen Viehzüchtern des Landes beherrscht, die so ihre Interessen leicht durchsetzen konnten. 1946 schließlich wurde das heutige BLM ins Leben gerufen. Ihre Vorgängerorganisationen gingen in ihm auf. Die Politik des BLM war, und ist es mit Einschränkungen bis heute, Pferde von öffentlichem Land zu beseitigen, um für die großen Herden der Rancher Platz zu schaffen. Hunderttausende Mustangs wurden aus diesem Grund mit den gleichen Steuergeldern getötet und geschlachtet, mit denen die Rancher anschließend das Land hoch subventioniert pachten konnten. 100 Millionen Dollar sollen die Subventionen 1998 betragen haben. Und dieses Geld ist nicht etwa in die Taschen der ebenfalls um ihr Überleben kämpfenden kleinen Rancher geflossen. Nach einer Recherche der Journalisten Paul Rogers und Jennifer Lafleur für die »San Jose Mercury News« im November 1999 kam der größte Teil des Geldes national operierenden Nahrungsmittelunternehmen, Millionären mit großen Viehbeständen und sogenannten »Rolex-Ranchern« zu Gute, unter ihnen John Simplot, der auf der Forbes-Liste der einflussreichsten Menschen der Welt geführt wird, der Hilton Family Trust (Hilton Hotel Kette) und der Agri Beef Company.

Geschützt, aber nicht sicher. Mustangs sind Opfer wirtschaftlicher Interessen.

1,35 Dollar zahlt ein Rancher pro Monat für eine »AUM« (Animal Unit Month), das heißt eine Kuh und ihr Kalb. Auf privatem Weideland müssten 13,30 Dollar bezahlt werden. Ein kostendeckender Preis für die Behörde läge zwischen acht und zwölf Dollar. Das Bauen von Zäunen auf öffentlichem Land wird finanziell obendrein gefördert. Zäune, die den Wanderungen und dem Überleben der Mustangs im Wege stehen, und der Intention des Gesetzgebers widersprechen. Das BLM selbst bezeichnet die Zäune als Problem, tut aber wenig, um sie wieder zu entfernen. Umweltorganisationen beziffern die wahren Kosten der Weidevergabepraxis des BLM auf annähernd 500 Millionen Dollar im Jahr. Die Zeche begleicht der Steuerzahler.

Dabei beklagt das BLM in aller Öffentlichkeit ihr angespanntes Budget, das nach eigenen Angaben zu 75 Prozent für das Einfangen, Halten und Versorgen der Wildpferde verbraucht wird. 27 Millionen Dollar kostete das Wildpferdprogramm im Jahr 2008, 20 Millionen müssen umgeschichtet werden, damit die Kosten für das Jahr 2009 gedeckt werden können. Für das Jahr 2010 hat das BLM vorsorglich 85 Millionen Dollar beantragt, um die Mustangs und Burros unterhalten zu können.

Jede Debatte über diese Problematik endet früher oder später bei der Frage nach den verfügbaren Ressourcen. Der gesetzliche Auftrag des BLM lautet, diese Ressourcen zu verwalten. Bei fast immer gegenläufigen Interessen der unterschiedlichen Landnutzer landen die Mustangs in der Regel auf dem letzten Platz. Das BLM hat den Begriff »Appropriate Management Level« (AML) eingeführt. Er definiert, wie viele Tiere in einem bestimmten Gebiet leben können. Typischer Weise wird die maximale Anzahl der Mustangs in Relation zu den bereits vorhandenen anderen Wildtieren und Kühen bestimmt. Obendrein zählt bei ihnen ein Fohlen, anders als Kälber, als volles »Animal Unit Month«.

Es ist wichtig, auf all diese Details einzugehen, denn aus ihnen erklären sich die Folgen der aktuellen Praxis des BLM.

Betrachtet man die absoluten Zahlen verbrauchter Nahrungsreserven, zeichnet sich ein deutliches Bild ab. Der dem amerikanischen Kongress vorgelegte Bericht für das Jahr 2005 belegte eindeutig, worauf die Übergrasung weiter Teile des Westens zurückzuführen ist. Auf Ländereien unter BLM-

Verwaltung fraßen Nutztiere wie Kühe und Schafe 6.835.458 AUMs, die Mustangs 381.120. Das Verhältnis beträgt also 19:1. Die Mustangs beanspruchen nur circa fünf Prozent der zur Verfügung stehenden Nahrung! Die Zahlen werden noch aussagekräftiger, wenn man berücksichtigt, dass Kühe nur wenige Monate im Jahr zum Grasen auf das Land kommen, in ihren Wanderungsbewegungen deutlich eingeschränkt sind und dabei die Tallagen bevorzugen. So gehen die Mustangs oft geschwächt in den harten Winter, was anschließend als Argument dient, sie zu ihrem eigenen Schutz einzufangen. Fast nie ist es bisher vorgekommen, dass das BLM auf Grund solcher Erwägungen die Anzahl der Nutztiere in den Herd-Management-Areas (HMA) reduziert hat. Allenfalls werden sogenannte »Papier-Kühe« aus der Statistik genommen. Das sind Tiere, für die es zwar eine Erlaubnis gibt, die aber nicht auf dem Land grasen. So wurde die Anzahl der »Wildpferd AUMs« zwischen 2002 und 2005 um 17 Prozent reduziert, die der Nutztiere um vier Prozent.

Nun könnte man argumentieren, dass die Interessen der Menschen Vorrang vor denen der Wildpferde haben müssen. Das stimmt bis zu einem gewissen Grad, und es ist unzweifelhaft so, dass ein kleiner Prozentsatz von Ranchern im Westen der USA darauf angewiesen sind, ihr Vieh auf öffentlichem Land grasen zu lassen. In den 13 westlichen Staaten gibt es insgesamt 22.000 Rancher, die öffentliches Land in Anspruch nehmen. Um die gesamtwirtschaftliche Relevanz zu verstehen, muss man wissen, dass nur drei Prozent des produzierten amerikanischen Rindfleischs hier gezüchtet wurde und nur ein Prozent des Einkommens in den Staaten des Westens in dieser Branche verdient wird. Dazu ließen sich Alternativen entwickeln.

Die Mustangs hingegen haben keine Ausweichmöglichkeit. Schon jetzt werden fast 100 Prozent aller, der im Gesetz von 1971 den Wildpferden zugedachten Gebiete, gleichzeitig auch von Weidevieh genutzt. Die Größe der Gesamtfläche hat sich seit 1971 durch die Umwandlung von »Herd-Areas« (HA) in »Herd-Management-Areas« (HMA) um 36 Prozent reduziert. Die Mustangs haben seit 1971 mindestens 19 Millionen Acres an Lebensraum verloren. Pferde, die außerhalb der festgelegten Gebiete grasen, werden eingefangen, obwohl sie sich vielleicht sogar in einer der ursprünglichen Herd-Areas befinden. Ein deutliches Beispiel ist die Entwicklung in Montana. In 83 Prozent der ursprünglichen Herd-Areas leben heute keine Pferde mehr. Die einzig verbliebene Herde ist die bekannte Pryor-Mountain-Spanish-Mustang-Herde mit dem Hengst »Cloud«. Doch selbst diese Herde soll Ende des Jahres noch um ein Vielfaches verkleinert werden.
Vereinfacht wurden diese Praktiken durch das im Jahr 2004 ohne Anhörung des Kongresses verabschiedete »Burns-Gesetz«, so benannt nach Senator Conrad Burns. Seitdem ist es wieder möglich, Mustangs in unbegrenzter Zahl an die Meistbietenden zu verkaufen, wenn sie älter als zehn Jahre sind und drei mal nicht adoptiert wurden.

Über 30.000 Wildpferde leben zur Zeit in den Auffangstationen des BLM. Diese gigantische Menge hat sich angehäuft, weil viel weniger Pferde adoptiert als eingefangen werden. Entweder funktioniert also das Adoptionsprogramm nicht, oder es werden zu viele Pferde aus den Herden genommen. Kritiker der BLM-Politik führen beide Gründe an. Die Adoptionszahlen weisen in den vergangenen Jahren einen deutlich negativen Trend auf. Viele der adoptierten Mustangs überfordern ihre neuen Halter und finden sich nach langen Leidensjahren früher oder später in einem privat geführten Schutzgebiet wieder. Natürlich gibt es auch positive Beispiele, wo die Tiere bei erfahrenen Pferdemenschen untergekommen sind, die sich die Haltung langfristig leisten konnten. Heute jedoch werden Pferde unter wirtschaftlich schlechten Bedingungen in den USA wieder vermehrt ausgesetzt. Pferdehaltung ist teuer!
Der Kern der Kritik richtet sich jedoch gegen die vom BLM festgelegten »Appropriate Management Levels (AML)«. Diese schreiben akribisch vor, wie viele Mustangs und Burros in einem Gebiet leben dürfen. Aber nicht zu viele Mustangs leben auf dem Land, sagen die Tierschützer, sondern zu wenige. Gemessen an den Zahlen um die Wende vom 19. zum 20. Jahrhundert hat sich ihre Anzahl auf ein Prozent reduziert.

Mustangs stehen in harter Konkurrenz zur Viehhaltung. Die Übergrasung wird ihnen zur Last gelegt.

Hier einige Zahlen aus den zehn Staaten mit Wildpferdpopulationen:

Staat	**Acres 1971**	**Acres 2008**	**Verlust in %**
Arizona	3.637.930	3.083.863	15
Kalifornien	6.964.439	2.418.445	65
Colorado	734.691	404.754	45
Idaho	477.656	418.194	12
Montana	223.603	37.147	83
Nevada	22.681.326	17.474.209	23
New Mexiko	126.527	28.612	77
Oregon	4.345.185	2.963.135	32
Utah	3.925.354	2.837.240	28
Wyoming	10.327.788	4.775.451	54

Quelle: www.wildhorseandburro.blm.gov/statistics/2007/FY2007.stats.pdf

Die vom BLM angegebenen Daten zur Entwicklung der Wildpferdbestände lassen bei genauerem Hinsehen Zweifel an den Prognosen der Behörde aufkommen. Dabei ist es äußerst schwierig, sie zu beurteilen, da alle Prognosen auf Eckdaten beruhen, die sich in der Vergangenheit immer wieder als unzuverlässig oder falsch herausgestellt haben. 1993 beispielsweise schätzte das BLM die Bestände in Nevada auf circa 24.000 und kalkulierte auf dieser Basis die Zahl der zu entfernenden Pferde. Um zu beweisen, dass die Behörde von falschen Annahmen ausgeht, verbrachten Tierschützer zusammen mit Michael Blake, dem US-amerikanischer Schriftsteller und Drehbuch-Autor, der insbesondere bekannt wurde durch seinen Roman »Der mit dem Wolf tanzt«, 250 Stunden in der Luft, um eine eigene Zählung durchzuführen. Sie fanden 300 Pferdeskelette und nur etwa 8.300 frei lebende Mustangs.

Das BLM argumentiert, dass sich Herden alle drei bis vier Jahre verdoppeln. Das wird auch von Tierschützern nicht wirklich abgestritten, hat jedoch seine Ursachen vor allem in der immerwährenden Verkleinerung und Zerstörung der Herden. Rechnet man alle gegebenen Eckdaten einmal durch, kommt man auf Ergebnisse, die nicht zutreffen können. Hier ein Beispiel:

Nehmen wir an, die Schätzungen würden stimmen und es gäbe circa 27.000 wildlebende Pferde in den USA (Schätzung für 2008). Diese würden sich in vier Jahren auf 54.000 verdoppeln. 27.000 müssten also wieder eingefangen werden. Zusammen mit den bereits vorhandenen 33.000 Pferden käme man im Jahr 2012 also auf 60.000 Pferde in Gewahrsam des BLM. Circa 4000 Pferde werden jährlich adoptiert – macht 16.000 in vier Jahren. Bleiben immer noch 44.000 Pferde übrig. Viel mehr, als das BLM verkraften kann.
Rechnet man rückwärts, sind die Ergebnisse noch erstaunlicher. Dazu muss man vorher eine Frage klären, die es bereits in sich hat. Sind 27.000 Mustangs der Mindestbestand nach den AMLs, dann dürften keine Round-ups mehr stattfinden, oder ist es die Obergrenze? In diesem Fall hätte es vor vier Jahren nur 13.500 Wildpferde gegeben. Beides trifft nicht zu. Die Zahlen werden immer so präsentiert, wie es gerade ins politische Kalkül passt. Aber sie dienen durchgehend einem Zweck: Der Reduzierung der Mustangbestände.

Dem stellen sich seit Jahren die unterschiedlichsten Organisationen mit aller Kraft entgegen. Vor einigen Jahren konnten sie sich zur »American Wild Horse Preservation Campaign« (AWHPC) zusammenschließen. In wichtigen Fragen sprechen die Verbände seitdem mit einer Stimme. Sie sind eine Bewegung geworden, die man in Washington ernst zu nehmen beginnt. Mehr als 40 Organisationen sind Mitglied und sehen mit kritischen Augen auf das, was den Mustangs in den USA widerfährt. Auch die Auffangstationen des BLM werden immer wieder von Mitgliedern der Schutzorganisationen besucht. Das Palomino Valley Adaption Center, Nevada, in der Nähe von Reno, ist eine der größten in den USA. Hier lebten im März 2009 etwa 1400 Mustangs in nicht sehr weitläufigen Paddocks. Drei Monate verbringen sie im Durchschnitt in Palomino Valley, bevor sie entweder adoptiert oder in eine »Long-Term-Facilitiy« transportiert werden. Nach Angaben der dortigen Verwaltung kostet der Unterhalt eines Pferdes pro Tag ungefähr einen Dollar. Andere Mitarbeiter sprachen von fünf Dollar. Offizielle Quellen des BMA machen monatlich 2000 Dollar Haltungskosten in den »Short-Term-Facilities« wie Palomino Valley geltend. Wie viel es auch immer ist, ein Besuch der Anlage hinterlässt tiefe Spuren.

Die Herden wurden auseinandergerissen und nach Geschlecht und Alter getrennt. Viele Pferde wirken völlig orientierungslos, deprimiert, andere, vor allem Hengste, zeigen heftiges Aggressionsverhalten. Mit aufgelösten Sozialstrukturen alleine gelassen und ohne Leittiere, die ihnen den Weg weisen könnten, beginnen sie zu kämpfen. Sie bekommen reichhaltiges Futter, das Durchfall verursacht und sie schwächt. Sie scheinen nicht zu verstehen, was mit ihnen geschieht. Sie wurden in den vergangenen Jahrzehnten zum Sündenbock für fast alle negativen Entwicklungen auf den Open Ranges des Westens gemacht. Sei es Wassermangel, Übergrasung, Erosion, das Aussterben von Pflanzen und Tieren, die Zerstörung von ganzen Lebensräumen. Immer wurde den Mustangs die Schuld zugewiesen, obwohl es nur 27.000 Pferde gibt – wohl aber sechs Millionen Rinder.

Craig C. Downer schreibt in seinem Buch »Wild Horses – Living Symbol of Freedom«: »In früheren Zeiten wurden die Wildpferde eher toleriert als heute ..., aber als die Hausbesitzer anfingen, das Land in nette kleine eingezäunte Vierecke aufzuteilen, begann ihr endgültiger Untergang.« Sie stehen allen ökonomischen Interessen im Weg und sind scheinbar zu nichts nutze, nicht einmal jagen kann man sie. Ein Artikel, erschienen im »Reno Gazette Journal«, wurde mir von einem BLM-Mitarbeiter mit der Bemerkung übergeben, dass er die Dinge endlich ins rechte Licht setze. Das macht deutlich, was viele im Westen von den Mustangs halten. Zusammengefasst schreibt der Autor: Mustangs töten sich gegenseitig an den Wasserstellen und trampeln solange darauf herum, bis kein Wasser mehr kommt.

Sie sind kontinuierlich unterernährt, hässlich und meist Produkte von Inzucht. Sie müssen vor sich selbst geschützt werden und die Welt vor ihnen, weil sie sonst das gesamte Land zerstören. Wenn Wildtiere in ihrer Anzahl nicht kontrolliert werden, so der Autor, ein Rancher aus Reno, käme es zwangsläufig zu einem Massensterben.

Es ist gut zu wissen, dass es engagierte Mitarbeiter des BLM gibt, die sich im Rahmen ihrer Tätigkeit für den Schutz der Mustangs einsetzen. Es ist bestürzend, dass es auch viele andere gibt, die das offenbar nicht als ihre Aufgabe verstehen.

Mit der Aufweichung der gesetzlichen Bestimmungen zum Schutz der Mustangs wird solchen Geisteshaltungen natürlich Vorschub geleistet. Der sogenannte »Burns-Rider«, schaffte im Handstreich, was die Lobbyisten in 20 Jahren vorher nicht erreicht hatten: Der Verkauf von Mustangs an Schlachthöfe war wieder erlaubt.

Palomino Valley ist eins der größten Adoptionszentren des BLM. Im März 2009 lebten hier 1400 Mustangs.

Senator Conrad Burns aus Montana hatte am letzten Sitzungstag vor Weihnachten im Jahr 2005 einer 3300 Seiten starken Gesetzesvorlage ein Blatt beigefügt, auf dem alles wieder legalisiert wurde, wogegen Tierschützer 50 Jahre lang gekämpft hatten. Ein eilig einberufenes Krisentreffen der Tierschutzorganisationen in Carson City, Nevada, im Januar 2006 unter der Leitung von Karen Sussman warnte eindringlich vor den Folgen der Gesetzesänderung. Offizielle Stellen beschwichtigten, wie sie das immer tun. Aber bereits nach wenigen Tagen fanden Schlachtverkäufe statt und nach 25 Jahren landeten die ersten Mustangs in den damals noch geöffneten Schlachthöfen. Ich empfehle niemandem, sich die im Internet verfügbaren Videos über die Praktiken in Pferdeschlachthöfen anzusehen – obwohl es vielleicht jeder tun sollte. Heute müssen die Pferde nach Mexiko oder Kanada transportiert werden, wo sie, zumindest was Mexiko angeht, ein ungleich schlimmeres Schicksal erwartet.

Man muss sich immer wieder vor Augen führen, mit welchen Argumenten diese Praxis rechtfertigt wird: Die Wildpferde übergrasen und zerstören das Land. Keine ernstzunehmende Untersuchung in den vergangenen Jahrzehnten ist jemals zu einem solchen Schluss gelangt. Rechnet man zu den Nutztieren (Rindern und Schafen) noch die Wildtiere wie Rehe und Antilopen hinzu, dann verbrauchen Wildpferde etwa 1,5 Prozent der Nahrungsvorräte. Selbst die komplette Ausrottung der Mustangs würde dem Land und den Ranchern also keinen wirklichen Vorteil bringen. Trotzdem sieht es so aus, als sei es Ziel des BLM, die USA wieder in einen vorkolonialen Zustand zu versetzen – zumindest was die Wildpferde angeht.

Über 100 einzelne Herden sind seit 1971 verschwunden, 19 Millionen Acres an Lebensraum wurde den Pferden genommen. »Zeroed out« nennen es die Tierschützer in den USA, wenn es in einer traditionellen Herd-Area keine Mustangs mehr gibt. Craig C. Downer, der bekannte amerikanische Wildpferdschützer, vermutet sogar 350 Herden zu Beginn der 70ger Jahre. »Das BLM verwandelt Zahlen immer in ein Mysterium. Niemand kann sie verstehen, niemand kann sie nachvollziehen. Man kann sie glauben, oder nicht.« In der Tat gibt sich das BLM bei Anfragen zwar sehr wortreich, aber keineswegs informativ. Auf meine schriftliche Anfrage, weshalb nach den Round-ups in relativ vielen Gebieten keine Mustangs mehr übrig blieben, erklärte das BLM seitenweise die Grundlagen ihres Managements, ging aber nur in zwei Zeilen auf meine Frage ein: »... ein weiterer Grund für das (komplette) Entfernen sind Buschbrände oder Nahrungsknappheit auf Grund solcher Buschbrände.« Kein Wunder also, wenn die Praktiken des BLM von Kritikern als »Ausrottungsmanagement« beschrieben werden. Dabei spielen die bereits erwähnten Round-ups, die Einschränkung des Lebensraums und die Zerstörung der Herdenstrukturen eine erhebliche Rolle. Eine in der Öffentlichkeit aber wenig bekannte Tatsache ist, dass Mustangherden eine Mindestgröße haben müssen, um genetisch zu überleben. Diese Kennzahl gibt es für alle wildlebenden Spezies und ist von internationalen Expertenkommissionen festgeschrieben worden. 2500 Tiere müssen es laut der »IUCN (International Union for Conservation of Nature) Species Survival Commission« sein, damit eine Herde langfristig ihren Genpool nicht aufbraucht. 150 werden intern vom BLM als Standard akzeptiert. Doch selbst dieses Limit wird in den meisten Fällen nicht eingehalten. Craig C. Downer hat dazu die Zahlen aufgearbeitet: 65 Prozent der verbliebenen 199 HMAs (zur Erinnerung: Herd Management Areas) weisen Stückzahlen von weniger als 150 Pferden aus. Viele von ihnen haben weniger als 100, etliche sogar weniger als 50 Pferde aufzuweisen. Unter der 150ger-Grenze liegen in den einzelnen Staaten: Kalifornien 19 von 22, Utah 17 von 21, Idaho fünf von sechs, Montana alle – es gibt nur noch eine. Sechs von ehemals sieben Gebieten sind heute von Wildpferden entvölkert. In Nevada, dem Staat mit den meisten Mustangs, sind es 67 von 102! Professor Gus Cothran von der Texas A & M University kommt zum gleichen Schluss.

Hilflos, orientierungslos, schutzlos: Das Leben der Mustangs und Burros in BLM-Stationen kann zum Trauma werden.

Das konstante Management von Herden am unteren Level ihrer Überlebensfähigkeit, schreibt er, führe unweigerlich zu Inzucht. Er legt eine Anzahl von 150 bis 200 Tieren fest, die nötig sind, das Überleben zu sichern. Man muss dabei bedenken, dass es zwischen den verschiedenen HMAs in aller Regel kein Austausch unter den Herden besteht. Natürliche Barrieren oder Zäune verhindern das. Für die Pryor-Mountain-Herde in Montana kam eine Untersuchung von Dr. John Gross zu dem Ergebnis, dass die Herde mindestens 160 Pferde haben muss. Zur Zeit sind es 175 und das BLM plant im Spätsommer eine Reduzierung auf etwa 80. Sogar das BLM selbst kam bereits zu solchen Schlüssen. In einem Schreiben vom 7. Juli 1999 erklärte die damalige Field-Managerin für die Pryor-Mountain-Herde, dass die Größe (der Herde) seit 25 Jahren zu niedrig angesetzt worden sei, um deren genetisches Überleben zu sichern.

Die Zahlen sollten dringend revidiert werden (Quelle: »Management for Extinction«, Animal Welfare Institute). 105 Tiere werden vom BLM in den Pryors als Optimum betrachtet. In anderen HMAs liegen die Zahlen aber noch weit darunter. Die berühmte Kiger-Mustang-Herde in Ost-Oregon soll 82 Tiere haben, die Cerbat-Mountain-Herde in Arizona 90, die Bordo-Atravesado-Herde in New Mexico 60 und die Carraacas-Mesa-Herde im gleichen Staat 23. »Das BLM hat«, so schreibt das Animal-Welfare-Institute in der bereits erwähnten Publikation weiter, »offenbar weder das Interesse, noch den Sachverstand die ihrer Verantwortung obliegenden Tiere zu schützen und zu managen.« Ein vernichtendes Urteil, mit dem das renommierte Institut jedoch nicht alleine steht. Seit langem werden Forderungen laut, die Betreuung der Mustangs einer anderen, vielleicht neu zu gründenden Behörde zu übergeben. Die wäre dann vielleicht auch in der

Lage, das Schicksal der Pryor-Mountain-Herde abzuwenden. Wie bereits erwähnt, plant das BLM, die Herde auf etwa 80 Pferde zu reduzieren. Selbst vom Medienstatus der Herde, die mittlerweile eine Touristenattraktion ist, lässt sich das BLM nicht von seinen Plänen abbringen. Ginger Kathrens, die dem Leithengst Cloud mit ihren Filmdokumentationen zu Weltruhm verholfen hat, steht in ständigem Kontakt mit der Behörde. Die aber zeigt sich unnachgiebig. Sogar dem berühmten Hengst selbst wollen die staatlichen Wildpferdhüter keinen Freibrief geben. »Kann sein, so sagen sie, dass er diesmal dabei ist.« Ginger Kathrens und mit ihr zusammen viele Prominente laufen Sturm gegen das Vorhaben, bislang ohne Erfolg. 23 neue Fohlen hat sie im Mai gezählt. Die Herde ist gesund und stabil. Sie plädiert für eine Ausweitung des Gebiets, aber die zuständigen Behörden, darunter der US-Forest-Service wollen davon nichts wissen. Sollten alle Stricke reißen, ist sie sogar bereit, für den Erhalt der Herde in Konfrontation mit den Behörden zu gehen und am Ort des Geschehens zu demonstrieren. Wie man hört, würde sich dem Vorhaben allerlei Prominenz aus Kultur und Politik anschließen. Bleibt zu hoffen, dass es nicht notwendig werden wird.

Warum es überhaupt so weit kommen muss, wird immer unverständlicher, je tiefer man in die Materie einsteigt. Offenbar gab es beim BLM schon lange Kritiker aus den eigenen Reihen, die aus Erfahrung oder Erkenntnis die Politik der Behörde in Frage stellten. Manche mussten gehen, manche gingen freiwillig, andere hielten aus, um da, wo sie waren, den Pferden so gut es ging zu helfen. Das BLM zögerte offenbar auch nicht, wissenschaftliche Analysen solange zu bearbeiten, bis sie in die offizielle Leseart passten.

Wenn sie Glück haben, finden sie ein gutes Zuhause mit anderen Pferden. Wenn sie Pech haben, landen sie im Schlachthaus.

Ein im November 2003 fertig gestellter Bericht von elf BLM-Wissenschaftlern zu den Folgen einer neuen großzügigeren Weiderechtsvergabe für Viehherden wurde in Teilen offenbar sogar völlig umgeschrieben. Das lässt sich jedenfalls aus einem Bericht der Seattle Times von Juni 2005 entnehmen. Darin erklären zwei der beteiligten Wissenschaftler, der Bericht gebe ihre Analysen und Schlussfolgerungen völlig verkehrt wieder. Der Hydrologe Bill Brookes wird mit den Worten zitiert:« Alles was ich geschrieben habe, wurde umgeschrieben und verwässert. Anstatt klar zu sagen, diese neuen Regelungen werden uns auf die Dauer eine Menge Probleme bescheren, steht da, dass Viehherden auf öffentlichem Land das Beste ist, was uns passieren kann.« Brookes und sein Kollege, der Biologe Erik Campbell, hatten die erweiterten Weiderechte für Rancher als Gefahr für das Land und als Bedrohung für viele Pflanzen- und Tierarten beschrieben. Das BLM erklärte auf Nachfrage der Zeitung, die Veränderungen seien auf der Grundlage gesicherter wissenschaftlicher Erkenntnisse gemacht worden. Die nationale Fleischindustrie feierte den Bericht als »Schritt in die richtige Richtung«. Eine Richtung, die zum Verschwinden nicht nur der Mustangs im amerikanischen Westen führen wird: »Die Umweltschutzagentur beschließt ihren Bericht mit der Feststellung, dass die Flusslandschaften im amerikanischen Westen niemals in einem schlechteren Zustand waren als heute – das Grasen der großen Viehherden ist dafür einer der bedeutendsten Ursachen.« Das schrieb Thomas L. Fleischner in »Welfare Ranching: The Subsidized Destruction of the American West«, herausgegeben von George Würthner und Mollie Matteson, 2002.

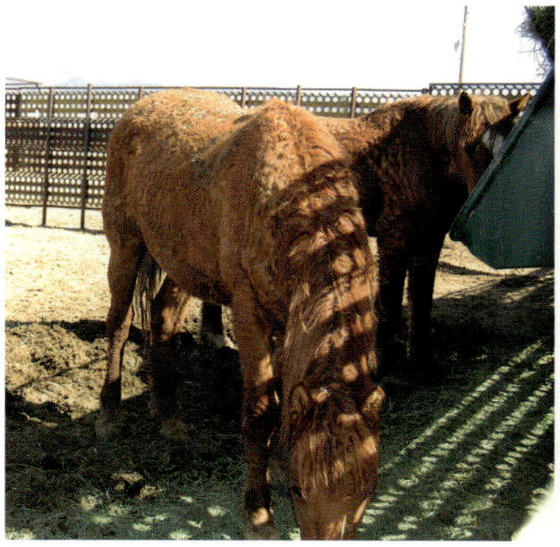

Wissenschaftliche Berichte werden verwässert und umgeschrieben. Ziel: Die Mustangs müssen weg.

So wird den Mustangs der Lebensraum genommen und ihnen die genetische Überlebensfähigkeit geraubt, bis wir eines Tages nur noch eine kleine Anzahl von ihnen in einem Freigehege als Touristenattraktion bestaunen dürfen. Bis dahin sind sie, wenn sie Glück hatten, in die Hände wohlmeinender Pferdefreunde geraten und haben ein gutes Zuhause gefunden oder, wenn sie Pech hatten, störrig waren, zu alt oder nicht schön genug, an sogenannte Killer-Buyer verkauft worden. Die machen über Zwischenkäufer mit den billig erworbenen Pferden als Schlachtvieh ein schnelles Geschäft. Bereits in den 70ger Jahren gab es immer wieder Gerüchte über illegale Verkäufe von Wildpferden als Schlachtvieh. Reporter der Associated Press (AP) deckten in einer 1997 erschienenen Artikelserie den Verkauf tausender solcher Pferde auf. Eine frühere Untersuchung des Justizministeriums scheiterte laut der New York Times im Jahr 1996 an der Verschleierungspolitik des BLM. Seit der Verabschiedung des Burns-Gesetzes im Jahr 2004 ist nun all das legal. Da das BLM mittlerweile doppelt so viele Mustangs einfängt als adoptiert werden, wächst die Zahl in den staatlichen Stationen rapide an und droht, wie schon vorher beschrieben, das Budget des BLM zu sprengen. Um das selbst verursachte Problem zu lösen, schloss man 2006 einen Pakt mit dem Public Lands Council (PLC), das unter anderem die Interessen der »National Cattlemen's Beef Association« (NCBA) vertritt. In einem Brief an 15.000 Mitglieder der Vereinigung wurden diesen Mustangs und Wildesel zum Preis von je verhandelbaren 10 Dollar das Stück angeboten.

Auch ein Überangebot an Alfalfa kann die verlorene Freiheit nicht kompensieren. Die wahren Bedürfnisse der Pferde bleiben auf der Strecke.

Kritiker werfen dem BLM vor, das Adoptionsprogramm nicht genügend propagiert zu haben und immer mehr Wildpferde einzufangen, als vermittelt werden konnten. Das musste zwangsläufig zu einem Stau führen. Darüber hinaus fordern Tierschutzorganisationen seit langem eine Pilotstudie zur Überwachung der Adoptionen. Mindestens fünf Jahre lang sollen die Adoptivlinge nach ihrer Vermittlung begleitet werden. Nur so könne man deren Wohlergehen auch langfristig sicher stellen. Bei Verstößen gegen die Adoptionsregeln, so die finale Forderung, sollten exemplarisch drastische und abschreckende Strafen verhängt werden. Bis zu 250.000 Dollar Geldstrafe wären heute möglich. Das ist aber noch nie geschehen.

Ein ehemaliger hoher BLM-Funktionär, der nicht genannt werden will, hat Jahre nach seiner Pensionierung eingestanden, dass er das Bedürfnis habe, sich bei den Mustangs zu entschuldigen für all das Leid, das er ihnen angetan hat. Das ehrt den Mann und wirft ein bezeichnendes Licht auf jene, die es weiterhin für normal halten, Wildpferde zu quälen und zu töten. Das sind keine Einzelfälle. Immer wieder gibt es Berichte über erschossene Mustangs. Einer der bekanntesten Vorfälle ist das Valentines Day Massaker aus dem Jahr 2006. Fünf Wildpferde wurden in der Virginia Range von einer Trapperin tot aufgefunden. Reifenspuren wiesen auf einen Pick-up hin, den in dieser Gegend aber fast jeder fährt. Es wurden 15.000 Dollar Belohnung ausgesetzt und die Vermutungen konzentrierten sich auf die Teilnehmer eines Jagdwettbewerbs in Reno, wo die beste und außergewöhnlichste Trophäe prämiert werden sollte. Beweisen ließ sich nichts und bis heute wurden die Täter nicht gefasst. Auch andere tödliche Übergriffe auf Mustangs bleiben ungeahndet. Zu eng sind die Verbindungen der Beteiligten und zu sehr gilt es nach wie vor als Kavaliersdelikt. Im Westen gehört die Jagd einfach dazu. Es ist etwas, was die Menschen als ein angeborenes Recht betrachten – und in mancher Hinsicht stimmt das auch.

Alleine das Differenzierungsvermögen aller Jäger scheint sich noch nicht den veränderten Umständen angepasst zu haben. Pferde werden nicht mehr gegessen, und Berglöwen sind eine bedrohte Art. Das hält die jungen Leute mit ihren großkalibrigen Gewehren nicht davon ab, diese letzten natürlichen Feinde der Wildpferde erbarmungslos zu jagen und zu töten. Sogar Josh Walberton, an dessen Menschen- und Tierliebe nicht zu zweifeln ist, zeigte Verständnis für die Boys, die sechs Stunden lang der einzigen Berglöwin in der Region gefolgt waren und sie schließlich erschossen hatten. »Das muss man verstehen,« sagt er. »Das sind junge Burschen, die hat das Fieber gepackt. Sie waren mächtig stolz als sie aus den Bergen kamen.« Nur weil die meisten von uns seit ein paar hundert Jahren nicht mehr zu jagen brauchen, müssen wir nicht glauben, diese Instinkte seien damit nicht mehr in uns vorhanden. Jagen, Beute machen und töten haben Hunderttausende von Jahren unser Überleben gesichert. Das legt man nicht ab, nur weil es überall Supermärkte gibt. Eine Entschuldigung für das sinnlose Abschlachten von Wildpferden kann das natürlich nicht sein – genauso wenig wie für das alljährliche Zusammentreiben der Mustangs am Ende des Sommers. Man muss diese Round-ups gesehen haben und die Herdenstrukturen kennen, um das Ausmaß des Leids zu ermessen, das dort angerichtet wird.

*Round-ups: Man muss es erlebt haben,
um das Leid der Mustangs zu verstehen.*

Round-ups sind heute einfacher durchzuführen als früher, als der Einsatz von Motorfahrzeugen und Flugzeugen verboten war. Und trotz aller technischen Überlegenheit sind die modernen professionellen Pferdefänger auf ein Pferd angewiesen, das sogenannte Judaspferd. Es ist ein domestiziertes und trainiertes Pferd, das vor der zu fangenden Herde läuft. Es führt sie geradewegs in den aufgestellten Corral und muss sofort entfernt werden, weil es sonst von den anderen Pferden getötet würde. Warum ein Pferd so etwas tut und wie man es dazu abrichtet, konnte mir niemand erklären. Jedenfalls ist ein Round-up für die Pferde traumatisch. Manche versuchen mit allen Mitteln dem Corral wieder zu entfliehen und verletzen sich dabei tödlich. Einmal hatten die Pferdefänger die Größe der zu fangenden Herde unterschätzt. Der Corral war zu klein, aber die Pferde drängten von hinten nach. Die ersten stürzten und die Pferde stiegen übereinander. Eins nach dem anderen wurde in der wilden Panik totgetrampelt. Die Überlebenden wurden erschossen.

Das ist natürlich eine Ausnahme. Die Wrangler von heute sind Profis, die ihren Job genau kennen. Trotzdem darf man sich nicht von den Bildern stolz galoppierender Mustangs bei einem Zusammentrieb täuschen lassen. Die älteren und schwächeren, die Stuten mit Fohlen, die lahmenden, das sind die, die zuletzt ankommen und von denen keine Bilder mehr veröffentlicht werden. Manche von ihnen wurden einfach zu Tode gehetzt, manche sterben kurze Zeit später.

Todesfälle, Verkäufe an Schlachthöfe und vereinzelte Massaker an Wildpferden bringen die Tierschutzorganisationen immer wieder auf die Barrikaden. Gemessen an dem, was das BLM jetzt für die 33.000 Pferde in ihren Auffangstationen ins Auge gefasst hat, sind das Kleinigkeiten. Auf einem Kongress in Las Vegas, Nevada, im Jahr 2008 ließ das BLM verlautbaren, dass es eine Euthanasie der Wildpferde nicht mehr ausschließen könne. Das sorgte landesweit für einen Schrei der Entrüstung. Das BLM wiegelte ab und erklärte, nichts sei beschlossen und man werde natürlich nach anderen Wegen suchen. Insider vermuten, dass so politischer Druck ausgeübt werden sollte, um die Budgetforderungen des BLM zu unterstützen. Fakt ist jedoch, dass die Pferde in Palomino Valley und anderswo nicht weniger werden und neue Round-ups geplant sind. Im November 2009 soll über das Schicksal der 33.000 entschieden werden.

Kenner der politischen Landschaft halten eine breit angelegte Euthanasie-Aktion für nicht sehr wahrscheinlich. Das sei in der Öffentlichkeit nicht durchzuhalten, erklären sie. Viel mehr werde das BLM die Aktion zeitlich strecken und Andere die Schmutzarbeit machen lassen.

Die Tierschutzorganisationen stehen jedenfalls in den Startlöchern und würden im Fall der Fälle einen ungeheuren öffentlichen Druck ausüben, dem sich wahrscheinlich auch die Regierung in Washington nicht entziehen könnte. Populärste Gegnerin der BLM-Pläne ist zur Zeit die amerikanische Milliardärsgattin Madeleine Pickens. Sie war bereits im Kampf um die Schließung der Pferdeschlachthäuser dabei und hat sich auch sonst einen Namen als Retterin verlassener und unterdrückter Tiere gemacht. Nach dem Wirbelsturm Katrina 2005 ließ sie auf eigene Kosten Hunderte von zurückgelassenen Hunden und Katzen aus dem überfluteten New Orleans ausfliegen. Jetzt macht sie gegen das Massensterben der Mustangs mobil und bot dem BLM kurzerhand an, alle 33.000 Pferde zu übernehmen. Was sich zunächst wie ein genial einfacher Plan anhörte, entpuppte sich in den Wirren der Bürokratie und unter dem Einfluss der Weltfinanzkrise als Marathonaufgabe. Ich werde den Pickens-Plan später im Buch noch etwas genauer erläutern. Jedenfalls musste sie sich nicht nur der Kritik des BLM aussetzen, sondern geriet zudem ins Störfeuer verschiedener Tierschutzorganisationen. Nachdem sie mit ihrer Organisation schließlich dem AWHPC (American Wild Horse Preservation Campaign) beigetreten war, drohte ein Eklat.

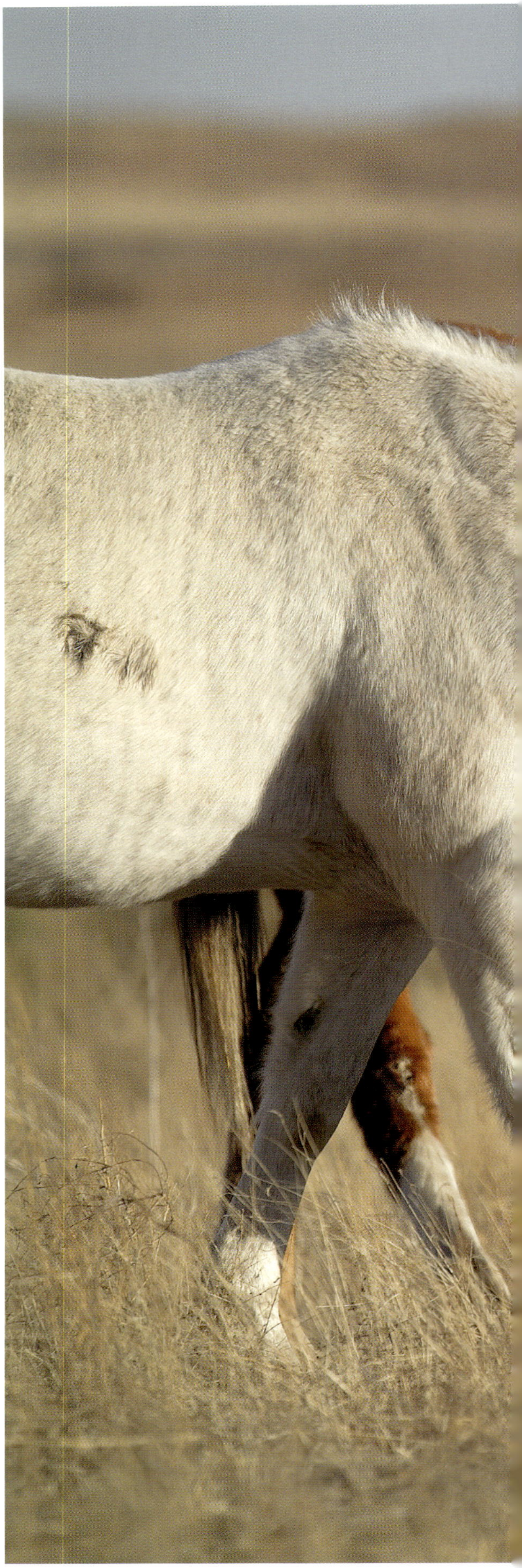

Madeleine Pickens ist eine überzeugte Tierschützerin.
Jetzt will sie 33.000 Mustangs aufnehmen.

13. Das BLM sollte Mustang- und Wildeselherden bestimmen, die sich für Aufklärungs- und Informationsarbeit in der Öffentlichkeit eignen und/oder über bestimmte einmalige Eigenschaften und Merkmale verfügen, die sich als solche bestimmen lassen.
14. Die Behörde muss unabhängige Wissenschaftler und Experten verpflichten, um der historischen und kulturellen Bedeutung der Mustangs und Wildesel in allen Planungsprozessen Rechnung tragen zu können. Außerdem sollen Herden mit besonderer Bedeutung als solche kenntlich gemacht werden.
15. Innerhalb eines angemessenen Zeitraums muss das BLM unter öffentlicher Beteiligung eine ehrliche Aufarbeitung seiner bisherigen Politik und Verfahrensweisen durchführen. Bis dahin muss die Behörde alle Aktionen einstellen, die die Gesundheit, das genetische Überleben und das allgemeine Wohlbefinden der Mustangs und Wildesel gefährden könnten.

Ein wichtiger Schritt in die Umsetzung dieser Empfehlungen könnte die zur Zeit in den politischen Gremien verhandelte Gesetzesvorlage mit der Bezeichnung HR 1018 werden. Der von den beiden Kongressabgeordneten Nick Rahall und Raul Grijalva eingebrachte Text genießt unter den Tierschutzorganisationen große Zustimmung. Die erste parlamentarische Hürde, das »Committee on Natural Resources« hat die Vorlage bereits genommen. Jetzt muss es im Repräsentantenhaus weiter beraten werden. Alle hoffen und bangen, dass die letzte Instanz, der Senat, noch vor Jahresende zustimmt und Präsident Obama das Gesetz unterzeichnet. Im Gesetzestext wird ausdrücklich wieder verboten, Mustangs oder Burros als Schlachtvieh zu verkaufen oder zugänglich zu machen. Auch Round-ups mit Helikoptern wären verboten. Das Advisory Board, das wichtige Beratergremium des BLM, würde, wenn der Text Gesetzesstatus erreicht, statt mit neun dann mit zwölf Personen besetzt, deren Qualifikationen und Parteilichkeiten genau geregelt wären.

Der Shoshone Pass in der Alpine Range war einst ein pferdereiches Land. Heute muss man die kleinen Gruppen suchen. Auf der Westseite gab es im Frühjahr 2009 keine Mustangs mehr.

Besonders dieser Punkt dürfte die Tierschutzorganisationen freuen, denn immer wieder wurden vom Beratergremium Ratschläge erteilt, die im völligen Gegensatz zu den Interessen der Mustangs standen. Noch im März 2009 berichtete Ginger Kathrens von einem Treffen in Reno, Nevada, wo das Advisory Board vorschlug, man solle in Zukunft auf die Zusicherung von Adoptionswilligen verzichten, Wildpferde nicht dem Schlachthaus zuzuführen.

In einem Brief an Nick Rahall und Raoul Grijalva bezog Ginger Kathrens im Namen der Cloud-Foundation sehr eindeutig eine positive Stellung zum Gesetz HR 1018 und machte einige Verbesserungsvorschläge. So regte sie an, die Termini der »genetischen Überlebensfähigkeit« und der »autarken Lebensführung« in das Gesetz aufzunehmen. Damit will sie menschliche Einflussnahme auf die Entwicklung der Herden so weit wie möglich einschränken. Außerdem hält sie es für wichtig, gesetzlich zu regeln, dass im Bedarfsfall der Bestand an Weidevieh oder die Weideerlaubnisse reduziert werden können und Sorge dafür getragen wird, dass Berglöwen in den Gebieten, wo Mustangs leben, nicht mehr gejagt werden.

Ob die Autoren der Gesetzesvorlage darauf eingehen und ob der Kongress dem so zustimmt, ich nicht vorhersehbar. Die Lobbyisten sind auf den Fluren in Washington in Bewegung geraten und werden keine Möglichkeit auslassen, die Interessen ihrer jeweiligen Auftraggeber durchzusetzen. Der Erfolg oder Misserfolg einer Vorlage wird dort bestimmt. In den Abstimmungen werden die Verhandlungsergebnisse nur noch abgesegnet.

Mit genügend Raum und Ressourcen versehen würden die Herden sich nach einiger Zeit selbst stabilisieren. Craig C. Downer, einer der Wortführer der Auswilderungsbefürworter, rechnet vor, dass mindestens 500, besser aber 1000 Pferde pro Herde vorhanden sein sollten. Die gemeinsam mit den Pferden ausgewilderten Pumas, Wölfe oder Braunbären würden langfristig für ein stetiges Gleichgewicht der Populationen sorgen. Selbst den Eingriff der Menschen bei Trockenheiten oder besonders kalten Wintern müsste in einem solchen Modell entfallen. Das gehört mit zur natürlichen Balance. Ist die einmal gefunden, stabilisieren sich alle Lebenssysteme in Relation zueinander. Die einzige, aber schwierigste Voraussetzung dafür wäre, nichts zu tun. Craig C. Downer hat für jeden Bundesstaat die mögliche Anzahl von Auswilderungen von Mustangs und Burros ermittelt:

Staat	**Pferde**	**Burros**	**Aufstockung**	**Total**
Arizona	35	540	1000	1575
Kalifornien	2005	303	5000	7308
Colorado	659		1000	1659
Idaho	81		1000	1081
Montana	294		1000	1294
Nevada	5200		4310	9510
New Mexico	166		334	500
Oregon	2240	10	1750	4000
Utah	1085	17	1085	2187
Wyoming	7425		2575	10000
Total	**19190**	**870**	**19054**	**39114**

Quelle: Craig C. Downer: »Forever Wild and Free« Rede vor dem Wild Horse Summit, Las Vegas, 12. Oktober 2008

60.000 Mustangs könnten in den Weiten der USA wieder leben. Kombinierte Überlebenssysteme würden für ein stabiles Gleichgewicht sorgen.

Craig C. Downer addiert zu den Auswilderungen in leere Gebiete die in den letzten Jahren vorgenommenen Reduzierungen in den noch vorhandenen und kommt so auf die stattliche Zahl von rund 39.000 Mustangs und Burros, die wieder ihre Freiheit erlangen könnten, ohne zusätzliche Kosten zu produzieren. Es ist ein beeindruckendes Beispiel dafür, wie man der Natur und dem Menschen gleichzeitig etwas Gutes tun kann. Die Umsetzung eines solchen Plans würde den politischen Willen in Washington voraussetzen, aber vor allem die Kooperationsbereitschaft der betroffenen Bundesstaaten, der beteiligten Verbände, der Viehzüchter und nicht zuletzt der Anwohner der Gebiete, denn die müssten nicht nur mit einer großen Anzahl neuer Pferde leben, sondern auch mit Raubtieren, die je nach Gegend schon lange ausgerottet waren.

Trotzdem ist es ein verlockendes Ziel, für das sich zu kämpfen lohnt. Legt man die Zahlen von Craig C. Downer zu Grunde, dann würden in einer fernen Zukunft wieder zwischen 50 und 60.000 frei lebende Mustangs und Burros den Westen der USA bevölkern. Gemeinsam mit anderen Wissenschaftlern zeichnet Downer das Bild eines funktionierenden mannigfaltigen Ökosystems, indem der Mustang eine wichtige Nische besetzt. Es ist bekannt, dass Systeme mit vielen aufeinander abgestimmten Komponenten stabiler sind als hoch spezialisierte mit nur wenigen Komponenten. Selbst Landwirte haben sich diese Beobachtungen zu Nutze gemacht und ließen ihre Weiden abwechselnd von Pferden, Kühen und Schafen abgrasen, da sie verschiedene Pflanzenarten bevorzugen und so verhinderten, dass eine Pflanze die anderen dominierte und die Weiden so nach kurzer Zeit unbrauchbar wurden. Nach diesem Prinzip funktionieren auch alle großen Steppengebiete der Erde, wo sich Tausende von Weidetieren mit- und nacheinander die Flächen teilen. Das Zebra etwa frisst vorzugsweise die raueren Gräser, weil sein Magen-Darm-Trakt diese gut verdauen kann und macht somit Platz für feinere Gräser, die später von Antilopen gefressen werden. Aus den USA wird berichtet, dass in harten Wintern nur die Bisons überlebten, die in ihren Wanderungen den Wildpferdherden folgten. Pferde können leicht auch harte Schneedecken durchbrechen, an denen Bisons scheiterten. Sie legten das Gras frei, das auch anderen Tieren zum Überleben diente. Solche kombinierten Überlebenssysteme entwickeln sich, wenn man der Natur genügend Zeit und Raum gibt.

Das ist aber das Problem der Menschen. Sie glauben, alles kontrollieren zu müssen. Was außerhalb ihrer Kontrolle liegt, macht ihnen Angst. Deshalb müssen Pferde in Boxen, Affen in Käfige und alles hinter Zäune. Bäume müssen gefällt werden, Insekten ausgerottet und sogar Flüsse müssen begradigt werden. Der Kontrollwahn der Menschen kennt keine Grenzen!

Nur manchmal, wenn wir alleine sind, den Wind auf der Haut spüren und die Erde unter unseren Füßen, wenn wir einen Augenblick innehalten und die kleinen Wunder um uns herum wahrnehmen, die unentwegt geschehen, dann bekommen wir wieder eine Ahnung davon, wie es sein könnte, wenn Harmonie zwischen den Lebensformen herrscht. Eine Harmonie, die den Tod nicht auszuklammern braucht.

Was nicht kontrolliert werden kann, ist bedrohlich. Was bedrohlich ist, muss fort. Wie viel Freiheit können wir verkraften?

Nach und nach tauchten bei den Verhandlungen mit dem BLM immer weitere Schwierigkeiten auf. Zunächst akzeptierte das BLM das vorgesehene Land im Nordosten Nevadas nicht. Laut Gesetz dürfen Mustangherden nur da leben, wo sie 1971 bereits vorgefunden wurden. Die Ausweisung neuer Gebiete war nicht vorgesehen. Experten streiten allerdings darüber, ob es im Gesetzestext ausdrücklich untersagt wurde.
Dann zwang die Finanzkrise die Pickens-Planer zu einem neuen Finanzierungskonzept. Die Regierung sollte sich an den Unterhaltskosten für die Pferde beteiligen. Latent vorhandener Unwille auf Seiten des BLM schlug nun in offenen Widerstand um. Mutmaßungen machten die Runde, Pickens wolle sich auf Kosten der Steuerzahler weiter bereichern. In der Tat kann man sich fragen, was denn an der Haltung einer Wildpferdherde 500 Dollar im Monat kosten kann. Das Pickens-Konzept ist jedoch kein Auswilderungsplan nach dem Muster eines Craig C. Downer. Es würde sich um eine halbwilde Herde handeln, die nur mit Hilfe der Menschen überleben könnte. Etwa 250 Kilometer Zaun ist zu setzen und zu warten, Wasser- und Stromleitungen sind zu verlegen und Wege und Straßen zu bauen. Das Projekt bräuchte eine Menge Mitarbeiter auf allen Ebenen: vom Handlanger bis zum Manager.

700 Millionen Dollar im Laufe von etwa zehn Jahren würde der amerikanische Steuerzahler laut Pickens-Finanzplan immer noch sparen. Eigentlich also ein gutes Geschäft.

Aber so einfach geht das nicht. Es gibt bestehende Verträge zwischen dem BLM und privaten Landbesitzern, die im Auftrag des BLM Mustangs auf ihren Weiden grasen lassen, die nicht adoptiert werden konnten. Diese Verträge haben zunächst Bestand. Darüber hinaus aber, so argumentiert das BLM, greifen an dieser Stelle die öffentlichen Vergaberichtlinien. Einen solchen öffentlichen Großauftrag kann man nicht freihändig vergeben. Es muss eine Ausschreibung geben, auf die sich jeder bewerben kann. Etliche Gesetzesänderungen seinen zusätzlich nötig, um den Pickens-Plan umsetzen zu können.

Madeleine Pickens hat sich den Forderungen gebeugt und ist bereit, sich an einem öffentlichen Wettbewerb zu beteiligen. Sie geht allerdings nicht mehr davon aus, alle 33.000 Pferde zu bekommen. Eher rechnet sie damit, 8.000 Mustangs und Burros übernehmen zu können, die derzeit in den teuren

So könnte das Pickens-Schutzgebiet im Nordosten Nevadas aussehen. Jetzt streiten die Fachleute, ob hier Pferde leben dürfen.

Kurzzeit-Stationen leben. Und solange die Kritiker keinen anderen realisierbaren Plan auf den Tisch legen können, der das Leben von 33.000 Tieren rettet, wären sie gut beraten, sich in der Öffentlichkeit zurückzuhalten.

Neben dem gigantischen Pickens-Projekt sollte man keinesfalls die vielen kleinen Initiativen aus den Augen verlieren, die seit Jahren und Jahrzehnten still ihre Arbeit tun und dabei Tausenden Pferden das Leben retteten. Eine typische Vertreterin hierfür ist Bobby Royle. Die Dame, deren Alter nicht so ohne weiteres zu bestimmen ist, beherbergt auf ihrer kleinen Ranch nördlich von Carsson City, Nevada, 29 Pferde. Nicht alle sind Mustangs, denn sie nimmt auch domestizierte Pferde auf, die sonst zum Schlachter müssten. Alles in ihrem Leben und alles auf ihrer Ranch ist dem einen Zweck untergeordnet: Pferde zu retten. Angefangen hat alles, als sie nach einem Round-up ein paar orientierungslose Mustangs fand, die an einer Straße entlang liefen. Offenbar waren sie ihren Häschern entkommen. Bobby Doyle nahm sie auf, gab ihnen einen sicheren Platz zum Überleben. Seitdem hat es kein Ende mehr genommen. Sie kämpft mit den Preisen für Heu, mit Pferdehassern und mit dem BLM. Ihr Leben, so erklärt sie, sei eigentlich ein einziger Kampf geworden. Sie führt mich über ihre Ranch und erzählt zu jedem Pferd eine Geschichte. Viele kann sie nicht mehr abgeben – niemand würde sie wollen. Sie sind alt oder verunstaltet oder beides. Eins ist blind, orientiert sich nur an Geräuschen und lebt trotzdem in einem kleinen Paddock ganz glücklich sein bescheidenes Leben. Mehr Platz hätte sie gerne und natürlich mehr Geld, jammert Bobby ein wenig. Ein kleiner Ballen Heu kostet 16 Dollar und die Pferde fressen viel. Aber dann durchzieht wieder ein Lachen ihr wettergegerbtes Gesicht: »Was soll's? Wir müssen weiter machen. Was können die Pferde dafür?«

Nichts können sie dafür. In einer Kette von Verantwortlichkeiten sind sie die Opfer. Weder haben sie das Land übergrast, noch haben sie die Quellen austrocknen lassen. Die Wirtschaftskrise geht so wenig auf ihre Kappe wie die gravierenden Strukturveränderungen in der amerikanischen Gesellschaft. Trotzdem werden sie gehasst. Dieser Hass ist sehr schwer zu verstehen, vor allem dann, wenn er sich in Gewalt gegen Pferde entlädt. Und das geschieht in den Weiten des amerikanischen Westens nicht selten.

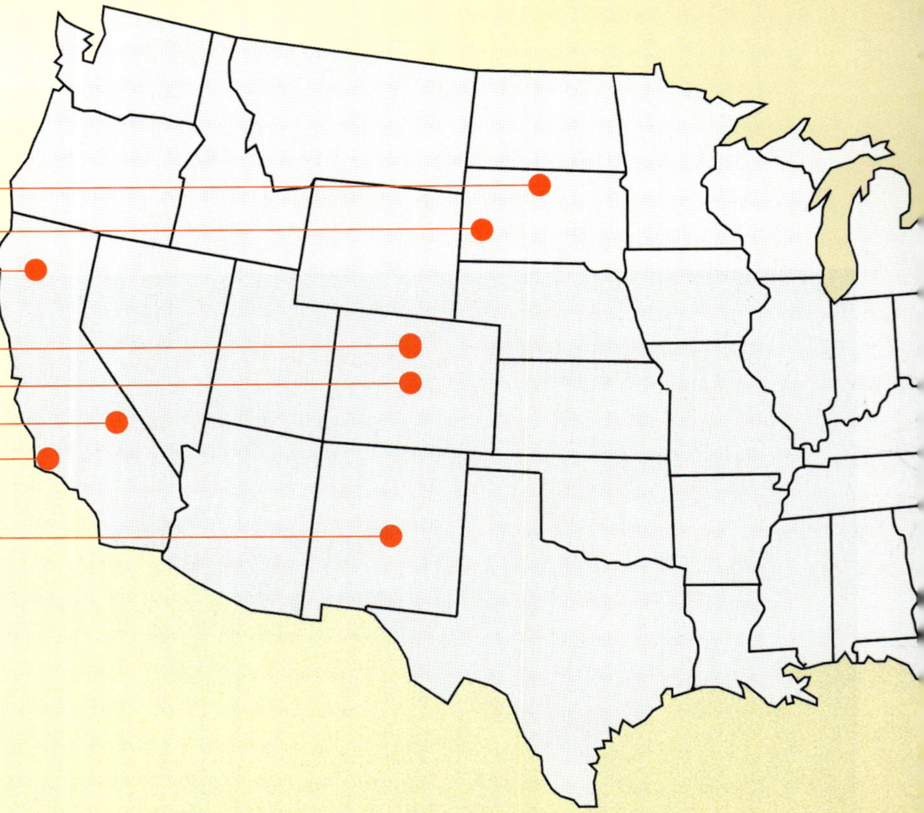
International Society for the Protection of Mustangs and Burros
Black Hills Wild Horse Sanctuary
Wild Horse Sanctuary
The Mustang Center, LLC
The Cloud Foundation
Wild Burro Rescue
Return to Freedom – The American Wild Horse Sanctuary
American Wild Horse Preservation Campaign
New Mexican Wild Horse Project

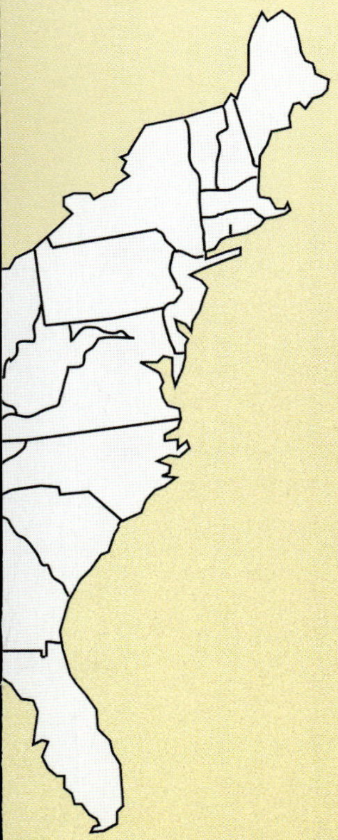

Organisationen

Mit den Worten von Diana Shaffner von der »Rising Sun Ranch« in Abilene/TX: »Wer weiß, vielleicht besuchen Sie ja mal Amerika jenseits von Hollywood und Disneyland. Das mystische Amerika. Das Amerika der Freiheit, des Friedens und der Wildpferde.«

American Wild Horse Preservation Campaign

ist ein landesweiter Zusammenschluss von über 40 verschiedenen Organisationen zum Schutz der amerikanischen Wildpferde. Sie wurde auf Initiative von Return to Freedom im Sommer 2004 gegründet. Es ist keine Organisation mit eigener Infrastruktur, sondern ein Aktionsbündnis, um geschlossen für den Schutz der Wildpferde arbeiten zu können. Mitglied ist auch die World Wildlife Foundation (WWF).

Black Hills Wild Horse Sanctuary

Gründer: Dayton O. Hyde. Das Black Hill Wild Horse Sanctuary hilft jedem in Not geratenen Wildpferd. Mehr als 500 Wildpferde haben in den Black Hills auf über 11.000 Acres ein Zuhause gefunden, darunter Amerikanisch-Spanische-Mustangs, Sulphur- und Kiger-Mustangs, aber auch wild gemischte Herden des BLM und des Forest Service. Die Pferde grasen in der Prärie South-Dakotas und finden ihr Wasser an den Ufern des Cheyenne River, der sich durch das Schutzgebiet schlängelt.

Dayton Hyde und Susan Watt, P.O.Box 998, Hot Springs, SD 57747, Tel.: 800-252-6652, www.wildmustangs.com

International Society for the Protection of Mustangs and Burros (ISPMB)

Gründerin: Karen Sussman. Die Organisation hat ihren Sitz im Cheyenne River Sioux Indian Reservation in South Dakota. Die ISPMB ist zu einer einflussreichen Größe in den USA geworden. Sie koordiniert Aktionen zur Rettung und Erhaltung von Wildpferden und Wildeseln und ihres Lebensraums. Auf dem 680 Acres großen Gebiet leben drei Wildpferdherden. Als erste Organisation in den USA hat die ISPMB auch juristische Wege beschritten und groß angelegte öffentliche Kampagnen gestartet. Dadurch erhielt sie schließlich die Unterstützung des Kongresses.

ISPMB, Karen Sussman, P.O.Box 55, Lantry, SD 57636, Tel.: 605-964-6866, www.ispmb.org

New Mexican Wild Horse Project

Das Ziel des Projektes ist es, gesunden Wildpferden in einer artgerechten Umgebung das Überleben zu sichern. Es konzentriert seine Arbeit auf die Erhaltung und Bewahrung der eigenen Zucht. Die im Schutzgebiet gehaltenen Pferde sind unverkäuflich.

Return to Freedom – The American Wild Horse Sanctuary

»Die Aufgabe der Organisation besteht darin, die Freiheit, die Vielfalt und den Lebensraum der Amerikanischen Wildpferde zu erhalten. Dies geschieht durch die Einrichtung von Schutzgebieten, Verbreitung von Informationen und Bewahrung des historischen Erbes. Ziel ist, den menschlichen Geist durch den unmittelbaren Kontakt zur Natur zu bereichern.« Gründerin: Neda Demayo. Auf der Return to Freedom Ranch in der Nähe von Lompoc, Kalifornien, werden ca. 200 Wildpferde in verschiedenen Herden gehalten. Ziel ist es, gefährdete Blutlinien, wie etwa die Choctaws, von denen es nur noch wenige Hundert gibt, vor dem Aussterben zu bewahren. Star der Ranch ist der Kiger-Mustang-Hengst »Spirit«. Er diente als Vorlage für den gleichnamigen Zeichentrickfilm.

Return to Freedom, P.O. Box 926, Lompoc CA, 93438, Tel.: 805-737-9246, E-Mail: programs@returntofreedom.org, www.returntofreedom.org

The Cloud-Foundation

Gründerin: Ginger Kathrens. Die Cloud-Foundation hat es sich zur Aufgabe gemacht, his-torisch wertvolle und genetisch seltene Wildpferdherden zu erhalten. Ihr Schwerpunkt liegt auf der Pryor-Mountain-Herde im Grenzgebiet von Wyoming und Montana. Die Regisseurin und Produzentin Ginger Kathrens wurde durch ihre Cloud-Filme bekannt. In diesen begleitete sie den Hengst Cloud von Geburt an mit der Kamera. Da das BLM im Herbst 2009 einen großen Round-up plant, wodurch die Größe der Herde auf unter 100 Tiere dezimiert werden soll, hat Ginger Kathrens eine große Kampagne zur Rettung der Herde gestartet.

The Cloud-Foundation, 107 South 7th Street,
Colorado Springs, CO 80905,
www.thecloudfoundation.org

The Mustang Center, LLC

Das Mustang Center ist eine Ausbildungs- und Adoptionseinrichtung für Wildpferde und Wildpferdhalter. Im Center werden Mustangs gezähmt und trainiert, die vom BLM bei den Round-ups gefangen wurden. Man kann hier auch Wildpferde direkt adoptieren. Die Regelungen und Bestimmungen sind allerdings recht streng. Eine Ausfuhr der Mustangs ist verboten.

Neben dem Training und der Vermittlung von Wildpferden werden auch Programme und Schulungen für Menschen angeboten, die ein Wildpferd adoptiert haben oder es adoptieren wollen.

The Mustang Center, LLC, Diane Kennedy, 10433 Dillon
Road, Louisville, CO 80027,
Tel.: 720-940-8873, www.themustangcenter.com

Wild Burro Rescue

Gründerin: Diana Chontos. Im Wild Burro Rescue in Olancha, Kalifornien, leben etwa 200 Wildesel, Pferde, Maultiere, Coyoten, Rotwild, Wildkatzen und Berglöwen. In diesem Rescue geht es ausschließlich um die Lebensrettung der Tiere. Man kann dort auch Ferien machen. Ein Zeltplatz steht zur Verfügung.

Wild Burro Rescue, P.O. Box 10, Olancha, CA 93549-
0010, Tel.: 760-384-8523,
E-Mail: wildburrorescue@gmail.com,
www.wildburrorescue.org

Wild Horse Sanctuary

Ziel der Organisation ist es, die Wildpferde in einem öffentlich zugänglichen und sich im ökologischen Gleichgewicht befindlichen Schutzgebiet für kommende Generationen zu bewahren. Das öffentliche Interesse für das Schicksal der Wildpferde soll gestärkt und Managementmodelle entwickelt werden. Es soll außerdem gezeigt werden, dass Wildpferde mit anderen Arten koexistieren können.

Das Schutzgebiet erstreckt sich über 5000 Acres in der Nähe von Shingletown, Kalifornien.

Wild Horse Sanctuary, P.O. Box 30, Shingletown, CA
96088-0030, Tel.: 530-474-5770,
www.wildhorsesanctuary.org

Wo die Mustangs

leben

Wo man Wildpferde und Wildesel noch sehen und beobachten kann

Einige wichtige Informationen vorab:

Wildpferde sind unter anderem deshalb bedroht, weil sie keinen wirtschaftlichen Wert darstellen. Ähnlich wie beim »Wale-watching« wird nun versucht, Touristen auf die Wildpferde aufmerksam zu machen. Dahinter steckt die Hoffnung, dass, sollte sich eine starke Resonanz einstellen, die Wildpferde dadurch besser geschützt sind. Der Argumentation kann man teilweise folgen und niemandem sollte es verwehrt sein, die herrlichen Tiere in ihrem natürlichen Lebensraum zu sehen. Allerdings gilt es zu beachten, dass dieser Lebensraum durch einen unkontrollierten Touristenstrom ebenfalls stark gefährdet würde.

Deshalb die Bitte:

- Verlassen Sie mit Ihren Fahrzeugen niemals die öffentlichen Straßen und Wege.
- Versuchen Sie auch niemals, sich den Herden mit Off-Road-Fahrzeugen, auch nicht mit Quads, zu nähern.
- Wenn überhaupt, nähern Sie sich ihnen nur zu Fuß.
- Am besten allerdings beschränken Sie sich bitte darauf, die Pferde mit dem Fernglas von der Straße aus zu beobachten.
- Vergessen Sie nicht, dass die Pferde von motorisierten Fahrzeugen aus gefangen werden und oft eine panische Angst davor haben. Und zerstören Sie nicht das, was Sie suchen.

Arizona

Lake Havasu Field Office, Tel.: 888-213-2582. (Alamo und Havasu Herd Management Areas, HMA)

Die **Alamo HMA** kann man erreichen über den US Highway 60 von Wickenberg, AZ, und dann nördlich auf einer befestigten Landstraße Richtung Alamo Lake State Park.

Kingman Field Office, Tel.: 928-718-3700.

Die **Big Sandy HMA** befindet sich in West-zentral-Arizona, ca. 55 Meilen südöstlich von Kingman auf beiden Seiten des US Highway 93. Die Black Mountain HMA findet man in Nordwesten Arizonas, 15 Meilen westlich von Kingman. In der Cerbat-Range, fünf Meilen nördlich von Kingman, östlich des US Highway 93, leben Wildpferde mit hohem spanischen Blutanteil.

Yuma Field Office, Tel.: 928-317-3200.

Das Gebiet (Cibola-Trigo) erstreckt sich beiderseits der Grenzen von Arizona und Kalifornien von Imperial Dam bis Walters Camp, hauptsächlich zwischen dem US Highway 95, dem Colorado River und der Interstate 8 und 10. Die **Little Harqhahala HMA** befindet sich südöstlich von Salome, zwischen dem US Highway 60 und der Interstate 10.

Phoenix Field Office, Tel.: 623-580-5500.

Die **Harqhahala HMA** liegt sechs Meilen südlich von Aguila, an der »Eagle Eye Road«, 25 Meilen westlich von Wickenburg am US Highway 60. Die **Lake Pleasant HMA** liegt nordöstlich vom Lake Pleasant, etwa 25 Meilen nordwestlich von Phoenix, in Maricopa County, westlich der Interstate 17 und nördlich des Highway 74. Die **Painted Rock HMA** findet man in Südwest-Arizona in der Gegend des Painted Rock Reservoir. Es liegt elf Meilen westlich von Gila Bend an der Interstate 8 und 15 Meilen nördlich der Painted Rock Road.

Arizona Strip Field Office, Tel.: 435-688-3200.

Die **Tassi-Gold Blue HMA** liegt in Südost-Nevada und Nordwest-Arizona zwischen dem Overton-Arm des Lake Mead und der Westgrenze des Grand Canyon National Park im Mohave County.
Oatman Town Burros, direct jenseits des Colorado River und in den Hügeln von Laughlin, Nevada, an der historischen Route 66, liegt die sehr lebendige Goldgräberstadt Oatman. Zwölf Wildesel findet man regelmäßig in den Straßen der Stadt. Sie haben sich zu einer Touristenattraktion entwickelt. Auch in den umliegenden Hügeln kann man Wildesel in ihrer natürlichen Umgebung beobachten.

Kalifornien

In Nordkalifornien kann man Wildpferde zu verschiedenen Jahreszeiten beobachten. Im Winter und frühen Frühjahr grasen sie häufig direkt am Highway 395 bei Ravendale. Mehrere Gebiete östlich von Ravendale sind im Sommer zugänglich: Painter Flag, Dodge Reservoir Area, Nevada State Highway 34 zwischen Gerlach, NV und Cedarville, CA und an der Straße 8 A östlich von Cedarville.

Weitere Informationen unter Surprise BLM Field Office, Tel.: 530-279-6101.

Wildesel findet man in Südkaliforniens **Chemehuevi HMA**, zehn Meilen südöstlich von Needles, entlang dem Highway 95. Der Trampas Wash zieht sich hier zwölf Meilen lang durch die Berge und bietet den leichtesten Zugang für Wanderer.

Mehr Informationen unter Needles BLM Field Office, Tel.: 760-326-7000.

Colorado

White River Field Office, Tel.: 970-878-3800.

Die **HMA** liegt westlich von Meeker. Fahren Sie 19 Meilen in nördliche Richtung auf dem Highway 13 von Rifle. Biegen Sie dann westlich auf die Piceance Creek Road (CR-5) ab in Richtung Ryan Gulch Road.

Grand Junction Field Office, Tel.: 970-244-3000.

Die **HMA** liegt nordöstlich von Grand Junction, etwa 20 Meilen westlich von DeBeque. Am besten man wandert den Tellerico Loop Trail entlang, einem circa 10 Meilen Rundwanderweg. Der Höhenunterschied des Trails beträgt 2300 Fuß (etwa 800 Meter). Dort werden sehr häufig Wildpferde beobachtet. Um den Tellerico Trail zu erreichen, nimmt man von Downtown Grand Junction aus die First Street nördlich bis zur 1 Road. Hier biegt man links ab und folgt der Straße etwa eine Meile bis zur 25sten Straße. Dort rechts abbiegen und auf der 25sten bleiben. Diese führt in die Wüste nördlich des Highline Canal. Dort endet der feste Straßenbelag. Überqueren Sie den Highline Canal und bleiben für etwa sieben Meilen auf der unbefestigten Straße bis zu den Bookcliffs. In diesem Bereich befindet sich ein Parkplatz. Von dort aus kann man die Wanderung beginnen.

Little Snake Field Office, Tel.: 970-826-5000.

Die **HMA** liegt im nordwestlichen Teil Colorados. Fahren Sie 31 Meilen westlich von Craig Richtung Maybell. Von dort aus geht es weiter in nordwestliche Richtung von Maybell auf dem Highway 318. Nach 17 Meilen erreichen Sie den südlichen Eingang der HMA.

San Juan Field Office, Tel.: 970-247-4874.

Die **HMA** liegt südwestlich von Montrose. Fahren Sie 18 Meilen südlich auf dem Highway 141 bis Gypsum Gap, County Road 19Q. Biegen Sie nach Süden in die Straße ein und folgen ihr für circa 5,2 Meilen. Biegen Sie dann östlich auf die BLM-Straße 4010 ab. Bleiben Sie für circa 3,5 Meilen auf ihr bis zum HMA-Eingang.

Idaho

Für Informationen rufen Sie das **Boise BLM Field Office** an. *Tel.: 208-384-3300.*

Montana

Pryor Mountains Wild Horse Range. 1968 eingeweiht, ist dieses 31.000 Acres große Gebiet, die einzige speziell für Wildpferde eingerichtete HMA in ganz USA. Hier sind sehr seltene Wildpferde mit hohen spanischen Anteilen zu Hause. Das Gebiet erstreckt sich zu beiden Seiten der Grenze zwischen Montana und Wyoming und reicht bis in die Bighorn Canyon National Recreation Area. Zugang ist möglich von Bridger, Montana, oder von Lovell, Wyoming. Im Pryor Mountain Wild Horse Range lebt auch der durch Ginger Kathrens Filme bekannt gewordene Hengst »Cloud«.

Nevada

In Nevada leben Wildpferde in etwa 100 verschiedenen **HMAs** und in der vom Staat Nevada betreuten Virginia Range. Hier nur einige Namen und Telefonnummern:

Battle Mountain, Tel.: 775-635-4000.Carson City, Tel.: 775-885-6000.
Elko, Tel.: 775-753-0200, Ely, Tel.: 775-289-1800,
Las Vegas, Tel.: 702-515-5000, Winnemucca, Tel.: 775-623-1500.

Marietta Wild Burro Range, Carson City BLM Field Office, Tel.: 775-885-6000.

Das Gebiet ist 68.000 Acres groß und bietet Lebensraum für 85 Wildesel. Sie grasen unter anderem im Teels Marsh und in den Ruinen der historischen Goldgräberstadt Marietta. Die HMA liegt südöstlich von Hawthorne. Man braucht etwa eine Stunde, um von Hawthorne aus die 55 Meilen entfernte Abbiegung nach Marietta zu erreichen. Dazu nimmt man den Highway 95 Richtung Süden und biegt später auf die State Route 360 Richtung Benton, Kalifornien, ab. Von da aus geht man auf die nicht befestige County-Road Richtung Marietta. Kommt man aus Richtung Tonopah nimmt man den Highway 95 und später Highway 6 bis zum Abzweig der State Route 360.

Virginia Range Horses

In den **Virginia Ranges** leben circa 1000 Wildpferde. Sie unterstehen nicht dem BLM, sondern werden vom Nevada Department of Agriculture verwaltet. Die Virginia Range erstreckt sich in Storey County und in Teilen von Washoe und Lyon County.

Oregon

Zuständig für Oregon ist das Burns BLM Field Office, Tel.: 541-573-4456.

Unter Wildpferdexperten genießt der Burns District einen relativ guten Ruf. Hier wurden unter seinem früheren Direktor Josh Walberton ein Management eingeführt, das nicht einfach blind nach Mengen arbeitete, sondern Rücksicht auf die sozialen Strukturen einer Herde nahm. Walberton sah sich dem Vorwurf des »Over-Management« ausgesetzt und nahm bereits in den achtziger Jahren seinen Hut. Heute führt er das »Stehen Mountains Ressort« in der Nähe von Frenchglen.

Die **Palomino Buttes HMA** umfasst mehr als 71.000 Acres, liegt 15 Meilen südwestlich von Burns an der Südseite des Highways 20/395 und erstreckt sich von dort aus südlich und südöstlich Richtung Harney Lake.

Die **Kiger HMA** befindet sich elf Meilen südlich und östlich von Diamond und beheimatet Kiger-Mustangs in unterschiedlichen Farben. Das Gebiet umfasst 27.000 Acres rauer Gebirgswüste mit sehr felsigem Boden und von tiefen Canyons durchzogen. Das Äußere der Kiger-Mustangs erinnert sehr stark an das Spanische Pferd.

Die **Warm Springs HMA** befindet sich 20 Meilen südwestlich von Burns, im Westen des Highways 205 und erstreckt sich nach Süden und Osten über ein Gebiet von 474.000 Acres. Es ist das einzige Gebiet im Burns-District, in dem man Wildesel finden kann, und zeigt eine einzigartige Vielfalt an Färbungen unter den Wildpferden.

Die **South Steens HMA** findet sich 70 Meilen südlich von Burns am Highway 205 und ist über die Steens Mountain Loop Road im Sommer zu erkunden. Wildpferde kann man hier fast immer beobachten, da sie sich meist in Nähe der Wege aufhalten, obwohl das Gebiet 127.000 Acres umfasst.

Die **Heath Creek Sheepshead HMA** befindet sich 90 Meilen südöstlich von Burns am Highway 78 und der East Steens Road in der Nähe der Sheepshead Mountains.

Die **Alvors-Tule Springs HMA** liegt 80 Meilen südöstlich von Burns in einem 350.000 Acres großen Gebiet. Der größte Teil der HMA ist flach und von Salzwüstenvegetation überzogen.

Die **Riddle Mountain HMA** ist Gebirgswüste mit einem extrem felsigen Boden und durchzogen von tiefen Canyons. Mit 28.000 Acres ist es ein relativ kleines Gebiet. Die hier lebenden Pferde zeigen einen starken spanischen Einfluss.

Die **Stinkingwater HMA** liegt 30 Meilen östlich von Burns, östlich der Crane-Buchanan Road and westlich der Warm Springs Road. Sie umfasst 78.000 Acres.

Salt Lake Field Office, Tel.: 801-977-4300.

Die **Cedar Mountains HMA** befindet sich 50 Meilen westlich von Salt Lake City. Nehmen Sie die I-80 in westlicher Richtung nach Dugway Road (Exit 77). Fahren Sie dann 17 Meilen südlich zur Skull Valley Ranch. Am südlichen Ende der Ranch biegen Sie am BLM-Schild »Rydalch Pass – Eight Mile Spring« nach Westen ab. Nach einer Meile biegen Sie am BLM-Schild »Rydalch« links ab. Fahren Sie durch das Skull Valley 14 Meilen bis zu den Cedar Mountains. Die Wildpferde grasen östlich und westlich der Cedars. Vorsicht: Betreten Sie nicht das militärische Sperrgebiet!

Die **Onaqui Mountains HMA** befindet sich 40 Meilen südwestlich von Salt Lake City. Nehmen Sie die I-80 Richtung Westen und nach 20 Meilen den Lake Point/Tooele Exit. Fahren Sie auf dem State Highway 36 in südliche Richtung nach Tooele und Stockton. Biegen Sie wieder südlich auf den Highway 199 ab und fahren durch das Rush Valley und den Johnsons Pass nach Terra. Am BLM-Schild »Onaqui Mountains« fahren Sie ab. Wildpferde können südlich der Straße zum Look Out Pass und dem alten Pony Express Trail beobachtet werden.

Fillmore Field Office, Tel.: 435-743-3100.

Die **Confusion HMA** befindet sich 90 Meilen nordwestlich von Delta in den Confusion Mountains. Nehmen Sie von Delta aus den Highway 50 & 6 in westliche Richtung bis zur Grenze zwischen Utah und Nevada. Biegen Sie am Straßenschild »Grandy« nach Norden ab. Bleiben Sie für zwölf Meilen auf der Straße bis zur Kreuzung mit dem alten Highway 50 & 6 an der Robinson Ranch. Biegen Sie am Schild nach Osten ab (durch die Ranch) und fahren sechs Meilen nach Knoll Springs. Die Wildpferde halten sich am frühen Morgen oder am späten Nachmittag häufig in der Nähe der Quelle auf. Fahren Sie dann weitere fünf Meilen bis zur Kreuzung der Gandy/Foote's Ranch Road. Biegen Sie nördlich zum Gandy Salt Marsh Gebiet ab. Von dort an können Pferde zwischen der Straße und den Hängen der Confusion Mountains beobachtet werden.

Die **Conger Mountains HMA** befindet sich 75 Meilen westlich von Delta. Von Delta aus nehmen Sie den US Highway 50 & 6 Richtung Westen bis zur Little Valley Road (Mile Post 16). Biegen Sie nach Norden auf die Little Valley Road ab und folgen Sie ihr für acht Meilen bis Skunk Springs Road. Die Pferde halten sich oft in der Nähe von Skunk Springs, Conger Springs, und Camp Canyon auf.

Die **King Top Mountains HMA** liegt 70 Meilen westlich von Delta. Von Delta aus nehmen Sie den US Highway 50 & 6 Richtung Westen bis zur Little Valley Road (Mile Post 16). Biegen Sie hier südlich ab und folgen der Straße für etwa sechs Meilen bis zur Kreuzung Little Valley/Ferguson Desert Road. Biegen Sie hier nach Osten ab. Nach zwölf Meilen erreichen Sie die Abzweigung nach Probst Pond (auch unter dem Namen »Snake Pass Road« bekannt). Fahren Sie östlich auf die Snake Pass Road. Die Pferde befinden sich meist zu beiden Seiten der Straße auf den nächsten acht Meilen. Ein anderer guten Platz, um King Top Pferde zu beobachten, besonders im Sommer, ist die Gegend um Eck's Knoll Reservoir. Dieses Reservoir erreichen Sie, indem Sie der Ferguson Desert Road nach der Probst Pond Abzweigung weitere drei Meilen südlich folgen. An der Gabelung fahren Sie links. Nach weiteren 1,5 Meilen erreichen Sie Eck's Knoll.

Die **Swasey Mountains HMA** befindet sich im nördlich-zentralen Millard County, etwa 30 Meilen westlich von Delta. Folgen Sie dem US Highway 50 & 6 in westliche Richtung. Nach 30 Meilen erreichen Sie die Abzweigung Antelope Spring und Long Ridge Reservoir. Biegen Sie hier nach Norden ab und folgen der Straße für etwa 13 Meilen bis Sie zu einem eingezäunten Teich gelangen, der an einer Kreuzung südlich der Straße liegt. Die Pferde finden sich im Sommer oft an diesem Wasserloch ein.

Bildnachweis

Peter Clotten: *S. 65, 97, 100, 101, 140/141, 144, 194/195, 198, 199, 200, 201, 210, 213, 222, 238/239.* **Kimerlee Curyl Photography**, www.kimerleecuryl.com: *S. 43, 129, 131, 158, 159, 160, 161, 164.* **DigitalVision Ltd.:** *S. 75 oben.* **Craig C. Downer:** *S. 8, 16, 27, 28, 34, 46/47, 75 unten, 76/77, 182, 183, 223 (große Abbildung), 230.* **Fotolia:** Monument Valley © Michael Heimrich *S. 38/39*, Puma © Martina Berg *S. 73.* **Shawn Hamilton** CLiX Photography durch Vermittlung der Nokota Horse Conservancy: *S. 114/115, 118, 119, 120, 121, 124.* **Ginger Kathrens,** The Cloud Foundation: *S. 126/127, 132, 136/137.* **James Kleinert:** *S. 29.* James Kleinert Copyright 2003, aus dem Dokumentarfilm »Disapointment Valley ... A Modern Day Western«. **Andrea Knoblich:** *S. 40.* **Bristol MacDonald:** *S. 174/175, 176, 177, 179.* **MEV-Verlag:** *S. 18/19, 34.* **Eileen Norton:** *S. 117, 122.* **Susan Pfeifer:** *S. 32, 85.* **Archiv Madeleine Pickens**: *S. 209.* **Makendra Silverman**, The Cloud Foundation: *S. 130, 133, 134/135, 138.* **Tony Stromberg:** *S. 12, 14, 20/21, 23, 24/25, 26, 31, 36, 42, 44/45, 48/49, 50/51, 52, 54, 56, 57/58, 60/61, 62, 63, 66/67, 68, 70/71, 72, 78/79, 80/81, 83, 84/85, 86, 87, 88/89, 90, 92/93, 95, 96, 98/99, 102, 104/105, 107, 108, 109, 110, 143, 145, 146/147, 148, 149, 150/151, 153, 154/155, 156, 157, 162/163, 167, 168/169, 180/181, 185, 186, 187, 188, 190, 192/193, 196, 203, 204, 214, 216, 217, 218, 220, 225, 227, 228, 229, 231, 233, 234/235, 240, 248/249, 252/253, 254/255.*

Viele Photos wurden im Wild Horse Sanctuary Return to Freedom in Lompoc, Kalifornien, aufgenommen.

Collage **Tony Stromberg/James Kleinert:** *S. 206.* **Josh Warburton:** *S. 113.*

Weiterführende Lektüre

Wild Horses: Living Symbols of Freedom
von Craig C. Downer,
Selbstverlag, zu beziehen über den Autor

America's Last Wild Horses von Hope Ryden,
The Lyons Press

Arizona's Spanish Barbs von Silke Schneider,
Outskirts Press

Danke

Es fällt mir schwer, meinen Dank zu ordnen. Jeder hätte es verdient, an erster Stelle genannt zu werden. Deshalb fange ich einfach mit dem Mann an, der mir spontan und ohne viel Aufhebens zu machen am meisten geholfen hat: Tony Stromberg. Wir kannten uns nicht, aber bereits bei unserem ersten Telefonat hat er mir seine Bilder zugesagt. Ich finde das absolut bemerkenswert! Er sagte am Telefon nur: »Ich mag das, was du tust.« Die besten Sachen sind immer die einfachsten. Neda Demayo, die Gründerin von »Return to Freedom« muss im gleichen Atemzug genannt werden. Nicht nur hat sie den Kontakt zu Tony Stromberg hergestellt, sondern hat darüber hinaus ihre knapp bemessene Zeit in den Dienst dieses Buches gestellt. Sie war unermüdlich, wenn es darum ging, Informationen zu beschaffen und Kontakte zu schließen. Außerdem hat sie mich am Alltag ihrer Return to Freedom Ranch teilhaben lassen, wo ich Gelegenheit hatte, ohne jeden Zeitdruck ihre wunderbaren Pferde beobachten zu können. Thank you, Neda!

Craig C. Downer ist der größte Wildpferdschützer, den ich persönlich kenne. Ohne jeden Gedanken an sich selbst, setzt er sich – zum Teil gegen alle Vernunft – für die Mustangs und Burros in Amerika ein. Er zog mit mir durch die Virginia Range, gab mir Ratschläge und hat nicht zuletzt eine beachtliche Anzahl seiner Fotos für das Buch zur Verfügung gestellt. Sein fachliches Wissen ist eine unerschöpfliche Quelle.

Jemand, der mehr im Hintergrund agiert hat, war Chris Penrod. Sie ist die Schwester von Madeleine Pickens und hat mir mit ihrer unkomplizierten Art so manche Information verschafft. Sie ist eine hinreißende Verfechterin der Rechte aller Wildpferde.

Jetzt müsste eine lange Liste weiterer Namen folgen. Ich bin sicher, dass ich den ein oder anderen vergessen würde. Deshalb danke ich hier allen, die mir auf dem beschwerlichen Weg geholfen haben. Ein Mensch darf allerdings auf keinen Fall vergessen werden: Claudia König vom Verlag Müller Rüschlikon. Dieses Buch hat sie viele Nerven gekostet. Sie hat an allen Fronten dafür gekämpft und mit ihrer Erfahrung und ihrem Wissen dafür gesorgt, dass es realisiert werden konnte. Danke!

Bei Fragen oder Anregungen bittet der Autor um Kontaktaufnahme. Seine E-Mail: pec137@gmx.de

Dem Journalisten, Schriftsteller und Pferdemenschen **Peter Clotten** ist der Schutz der Mustangs ein großes Anliegen. Für dieses Buch hat er die USA bereist, sich über die Bedrohung der Wildpferde informiert und das Leben dieser stolzen Tiere studiert.

Er sieht sich selbst als Reisenden im Sinne des Chinesischen Philosophen Chuang-tzu: »Der wahre Reisende weiß nicht, wohin die Reise geht, der wahre Abenteurer weiß nicht, was er erleben wird. Seine Reisen führen ihn nicht eher in eine Richtung als in eine andere. Seine Neugierde ist nicht auf einen bestimmten Punkt gerichtet.«

Tony Strombergs Arbeiten sind eine Huldigung an die Pferde dieser Welt. Mit jedem Bild feiert er ihre bemerkenswerte Präsenz und gibt ihnen einen Platz in unserem Leben. Oft werden seine Fotos als »visuelle Poesie« beschrieben. Sie unternehmen nicht den Versuch, das Äußere klar und ästhetisch zu dokumentieren. Sie erforschen die innere Schönheit der Pferde und treffen auf dieser Reise auch auf Verletzlichkeit, Angst und Trauer.

»Pferde,« so Tony Stromberg, »können uns bei der Suche nach unseren Wurzeln sehr helfen. Sie erinnern uns an eine Freiheit, die uns verloren gegangen ist. Sie lehren uns mit ihrem Verhalten Wahrhaftigkeit und Authentizität, Kooperation und Dominanz, Respekt und Würdigung für das Fremde.«

Tony Stromberg lebt mit seiner Familie in New Mexico. Seine Website heißt: www.tonystromberg.com.